高职高专艺术学门类“十四五”系列教材

建筑室内设计项目工作手册

JIANZHU SHINEI SHEJI XIANGMU GONGZUO SHOUCE

主　编　潘　静　李　欣　杜瑞卿　吝丽娟
副主编　李　桧　张　健　刘敬华　江　毅　张旭军　杨　帅
参　编　付　军　陈　婧　秦燕妮　郑蓉蓉　黄白瑜　陈先强

華中科技大學出版社
http://www.hustp.com
中国·武汉

内容简介

针对目前高职高专室内设计课程教材理论和实践知识比例不协调的问题，根据《"十四五"职业教育规划教材建设实施方案》，依据目前高职高专教学改革的需要，确立了本书的编写方向与内容。

建筑室内设计是一个十分复杂的过程，涉及的工作密集而多样。设计师不仅要考虑各方面的因素，更需要在满足功能的基础上，提出创意与概念。那么，设计师究竟要如何在统筹这一切的基础之上创造出激动人心的环境呢？本书的内容即帮你解决这一核心难题！这是一本实用而引人入胜的室内设计指南，通过大量照片、总结分析、案例及数字资源等，对读者进行详细指导。本书还融入课堂思政小贴士，立德树人，将思想教育与知识相融合。

本书包括10个项目，分别为室内设计概论、室内设计与人体工程学、室内空间设计、室内照明设计、室内色彩设计、室内陈设设计、室内设计风格、室内设计趋势、室内设计表现和室内设计程序。本书理论与案例并行，以增强读者的感性认识和趣味性，案例均为比较新颖又具有时代性的经典设计，同时力求为读者搭建完整的知识框架，使入门读者以及非专业、跨界读者更快地了解该设计领域。

图书在版编目(CIP)数据

建筑室内设计项目工作手册/潘静等主编. —武汉：华中科技大学出版社，2022.3
ISBN 978-7-5680-6669-3

Ⅰ.①建… Ⅱ.①潘… Ⅲ.①室内装饰设计-教材 Ⅳ.①TU238.2

中国版本图书馆CIP数据核字(2022)第048742号

建筑室内设计项目工作手册 潘 静 李 欣 杜瑞卿 吝丽娟 主编
Jianzhu Shinei Sheji Xiangmu Gongzuo Shouce

策划编辑：彭中军
责任编辑：段亚萍
封面设计：孢 子
责任监印：朱 玢
出版发行：华中科技大学出版社(中国·武汉) 电话：(027)81321913
武汉市东湖新技术开发区华工科技园 邮编：430223
录 排：武汉创易图文工作室
印 刷：湖北新华印务有限公司
开 本：880 mm×1230 mm 1/16
印 张：10
字 数：324千字
版 次：2022年3月第1版第1次印刷
定 价：69.00元

本书若有印装质量问题，请向出版社营销中心调换
全国免费服务热线：400-6679-118 竭诚为您服务
版权所有 侵权必究

前言
Preface

室内设计是指为满足一定的建造目的，对现有的建筑物内部空间进行深加工的增值准备工作。室内设计是根据建筑物的使用性质、所处环境和相应标准，运用物质技术手段和建筑设计原理，创造功能合理、优美舒适、满足人们物质和精神生活需要的室内环境。建筑室内设计考验设计师对项目定位的认识和把握，要求设计师倾注时间和热情，借助专业知识与审美能力，思考大的空间效果，以及细节部分的设计与实施。

本书重塑室内设计思维架构，激发思想碰撞力，把握整体方案设计。本书重点介绍了室内空间设计、室内照明设计、室内色彩设计、室内陈设设计、室内设计风格和室内设计趋势等知识要点，通过经典案例手法剖析，抓住布局的主题核心，培养全局思维，以使读者通过全面的学习，全方位了解室内设计。本书通过全面分析当下家庭生活的痛点，把收纳整理理念融入设计方案中，打造更有竞争力的标签和创造更具特色的附加价值。本书还融入课堂思政小贴士，立德树人，将思想教育与知识相融合。

本书可作为高等院校建筑室内设计、环境艺术设计等相关专业的教学用书，也可供建筑室内设计、环境艺术设计等业内设计人员及设计爱好者使用。

编　者

2022 年 2 月

目录

Contents

Jianzhu Shinei Sheji Xiangmu Gongzuo Shouce

项目一

室内设计概论

课堂思政小贴士——连环画里的共和国英雄：焦裕禄

焦裕禄精神告诉人们，党员领导干部的公仆情怀是什么——“心中装着全体人民、唯独没有他自己”；焦裕禄精神告诉人们，党员领导干部的求实作风是什么——凡事探求就里、“吃别人嚼过的馍没味道”；焦裕禄精神告诉人们，党员领导干部的奋斗精神是什么——“敢教日月换新天”“革命者要在困难面前逞英雄”；焦裕禄精神告诉人们，党员领导干部的道德情操是什么——艰苦朴素、廉洁奉公、“任何时候都不搞特殊化”。

学习目标	
知识目标	1.掌握室内设计的概念和作用。 2.掌握室内设计的发展。 3.掌握室内设计的内容、分类和原则
能力目标	1.掌握室内设计的概念、作用和发展,室内设计的内容、分类和原则。 2.理解室内设计的相关概念,积累专业理论知识
素质目标	1.学习焦裕禄英雄艰苦朴素、廉洁奉公的精神。 2.养成定期搜集资料的习惯,培养专心刻苦的精神以及诚实守纪、吃苦耐劳的优秀品德

任务一 室内设计的概念和作用

一、室内设计的概念

(一)设计概念

室内设计的概念和作用

设计是连接精神文明与物质文明的桥梁,设计随时空的发展而发展,总体表现为意向、计划、草图等。设计是人的思考过程,以满足人的需求为最终目标。作为现代的设计概念来讲,设计更是综合社会的、经济的、技术的、心理的、生理的、人类学的和艺术的各种形态的特殊的美学活动,即综合也是设计。

(二)室内设计概念

室内设计是根据建筑物的使用性质、所处环境和相应标准,运用现代物质技术手段和建筑美学原理,创造出功能合理、舒适美观、满足人们物质和精神生活需要的室内空间环境的一门实用艺术,既满足使用功能,也反映了历史底蕴、建筑风格、环境氛围等精神因素。室内设计以人为本,一切围绕为人的生活、生产活动创造美好的室内空间环境。室内设计如图1-1所示。

图1-1

二、室内设计的作用

(一)提高艺术性,满足审美需求

室内设计可以强化建筑及建筑空间的性格、意境和气氛,使不同类型的建筑及建筑空间更具性格特征、情感及艺术感染力,提高室内空间造型的艺术性,满足人们的审美需求。(见图 1-2)

(二)弥补建筑主体结构的缺陷

家具、绿化、雕塑、水体、基面、小品等的设计可弥补由建筑造成的空间缺陷与不足,加强室内空间的序列效果,增强对室内设计中各构成要素进行的艺术处理,提高建筑的综合使用性能。(见图 1-3)

图 1-2

图 1-3

(三)协调"建筑—人—空间"三者的关系

室内设计以人为本,是空间环境的节点设计,它将建筑的艺术风格、形成的限制性空间的强弱,使用者的个人特征、需要及所具有的社会属性,小环境空间的色彩、造型、肌理等三者之间的关系按照设计者的思想重新组合,达到舒适、美观、安全、实用的要求,为人类的生活、生产和活动服务并创造出现代化、沉浸式的生活理念。(见图 1-4)

图 1-4

三、室内设计的特点

(一)相对独立性

室内空间与任何环境一样,都是由环境的构成要素及环境设施所组成的空间系统,具有相对独立性,具有由环境设施构成的相对完整的空间形象,可传达出相对独立的空间内涵,在满足部分人群的行为需求基础上,也可满足部分人群精神上的慰藉及对美的、个性化环境的追求。(见图 1-5)

(二)环境艺术性

环境是一门综合艺术,它将空间的组织手法、空间的造型方式、材料等与社会文化、人们的情感、审美、价值取向相结合,创造出具有艺术美感价值的环境空间。室内设计是环境空间与艺术的综合体现,是环境设计的细化与深入。(见图 1-6)

图 1-5

图 1-6

(三)文化特征

室内空间是为了满足人们在社会环境中的某种需要,利用自然环境与人工环境共同创造出来的环境。因此,室内设计除具有自然属性外,还具有社会属性。满足使用者的需求是第一目的,使用者的需求又取决于年龄、性别、职业、民族、地域、观念、价值观、文化层次等个人特征,以及政治、经济、审美趋向等社会条件。(见图 1-7)

图 1-7

（四）功能实用性

室内设计是整体环境的一部分，是环境的空间节点，是环境空间艺术设计的细化与深入。这一切都更加明确了室内设计是为了满足部分人群的、特定的使用需求。当人在年龄、兴趣、爱好、文化层次趋同的前提下聚集时，就形成稳定性较强的群体（如儿童群体、青少年群体、中老年群体等），群体的形成对空间环境提出了更加细致的要求，服务目的更加明确，主体更加突出，空间形象更具代表性，且兼容性较差。（见图 1-8）

图 1-8

任务二
中西设计思想的差异

伴随着建筑历史的发展，中西方的设计思想、设计观念都在不断地丰富、拓展和完善，从而形成各自的特点。以下以中国和欧洲设计为例，简要介绍其不同的设计思想。

一、对地形地势条件认识的差异

中国传统建筑历来重视与环境的关系，室外环境处理善于结合、利用基地的现有条件，如"因地制宜、依山就势"等。中国特有的设计思想植根于中国传统文化的理论体系，深受中国古代哲学的影响，注重把握人和自然的相生互补的关系，讲求建筑环境和自然环境的有机结合，讲求自然美和人文美的和谐统一。（见图 1-9）

欧洲建筑的特点是以巨大的体量和超然的尺度来强调建筑艺术的永恒与崇高，它们具有严密的几何性，常常以带有外张感的穹隆和尖塔来渲染房屋的垂直力度，形成傲然屹立、与自然对立的外观特征。欧洲建筑起源于古埃及、古希腊、古罗马建筑，早期的欧洲人类逐步积累起稳定的建筑风格及室内设计风格，为日后丰富的欧式风格设计奠定了深厚而扎实的基础，也为当今的人们建立了一种审美标准。古希腊帕特农神庙如图 1-10 所示。

图 1-9

图 1-10

二、对设计要素认识上的差异

中国传统建筑重视环境中建筑物之外的部分，重视室内设计中各组成要素的平衡与协调关系，而不是单独强调建筑物。苏州的沧浪亭，始建于宋代，是一座带有园林的住宅，建筑物处于外围，其属于实物，而留出了中央大块的用地来布置庭院，其属于"虚"。室外的庭院就成为设计的核心，建筑四周环抱，内部庭院"虚"与"实"相互交融，使整个空间环境中的设计要素既有一定的秩序关系，又相互穿插融合，形成平衡协调的关系。（见图 1-11）

欧式风格主要经历了以下过程：古希腊、古罗马、哥特、文艺复兴、巴洛克、洛可可、新古典主义时期。欧式风格因线条流动变化、色彩华丽浪漫的形式而被众多人喜爱，室内设计装修材料常用大理石、花岗岩以及色彩丰富的植物和精美的地毯，富丽堂皇，富有强烈的动感效果。圣保罗大教堂内部如图 1-12 所示。

室内设计是人们居住、集会条件提高的表现形式，源于宫廷、寺庙、教堂，有着悠久的历史。最初的室内装饰只是工艺品的点缀，随着生产能力的进步、物产的丰富，室内装饰在各个方面不断改进，墙面、格局、家具、绘画等以各种表现形式应用于室内设计，一个国家的经济发展水平、文化传统、风俗习惯以及民族的审美趣味影响着室内设计的风格特征。

图 1-11

图 1-12

任务三 室内设计的内容、分类和原则

一、室内设计的内容

1. 室内空间形象设计

室内空间形象设计针对设计的总体规划，设计决定室内空间的尺度与比例，以及空间与空间之间的衔接、对比和统一等关系。（见图 1-13）

图 1-13

2. 室内装饰装修设计

室内装饰装修设计是指在进行建筑物室内空间设计的过程中，针对室内的空间规划，组织并创造出合理的室内使用功能空间。（见图 1-14）

图 1-14

3. 室内物理环境的设计

室内空间要充分考虑良好的采光、通风、照明和音质效果等方面的设计处理，并充分协调室内环境监控、水电等设备的安装，使其布局合理。

4. 室内陈设艺术设计

室内陈设艺术设计对家具、灯具、陈设艺术品以及绿化等方面进行规划和处理，满足并适应人们心理和生理上的各种需求，起到柔化室内人工环境的作用，它在快节奏、信息化的现代社会生活中具有使人心理平衡、稳定的作用。（见图 1-15）

图 1-15

二、室内设计的分类

室内设计的形态范畴可以从不同的角度进行界定、划分。

从与建筑设计的类同性上，一般分为居住建筑室内设计、公共建筑室内设计、工业建筑室内设计、农业建筑室内设计。

根据其使用范围，可分为人居环境设计、公共空间设计。

根据其使用功能，可分为家居室内空间设计、商业室内空间设计、办公室内空间设计、旅游室内空间设计等。（见图 1-16）

图 1-16

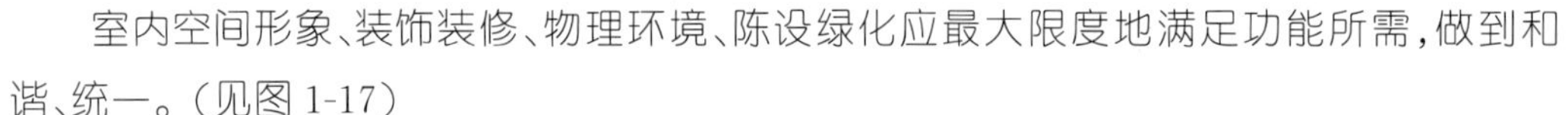

三、室内设计的原则

室内设计原则

1. 功能性原则

室内空间形象、装饰装修、物理环境、陈设绿化应最大限度地满足功能所需，做到和谐、统一。（见图 1-17）

2. 经济性原则

以最小的消耗达到所需的目的，如建筑施工中使用的工作方法和程序省力、方便、低消耗、低成本等。一项设计要为大多数消费者所接受，必须在“代价”和“效用”之间谋求一个均衡点，降低成本不能以损害施工效果为代价，经济性设计原则包括两个方面：生产性和有效性。（见图 1-18）

图 1-17

图 1-18

3. 美观性原则

追求美是人的天性，美是一种随时间、空间、环境而变化且适应性极强的概念，在设计中美的标准也大不相同，我们既不能因强调设计在文化和社会方面的使命及责任而不顾及使用者需求的特点，也不能把美庸俗化，应寻求适当的平衡。（见图 1-19）

4. 适切性原则

解决问题的设计方案应恰到好处，不牵强也不过分。如:室内设计中，艺术陈设品与空间气氛的统一就需如此考虑。（见图 1-20）

图 1-19

图 1-20

5. 个性化原则

设计要具有独特的风格，缺少个性的设计是没有生命力与艺术感染力的。无论是在设计的构思阶段，还是在设计深入的过程中，只有新奇和巧妙的构思，才能赋予设计勃勃生机。现代的室内设计是以满足人们的精神与心理需求为最高目的，在现有的物质条件下，在满足使用功能的同时，实现并创造出巨大的精神价值。（见图 1-21）

6. 舒适性原则

舒适离不开充足的阳光、无污染的清新空气、安静的生活氛围、丰富的绿地和宽阔的室外活动空间、标志性的景观等。（见图 1-22）

图 1-21

图 1-22

7. 方便性原则

室内空间在最大限度地满足功能所需的基础上，还要考虑为使用者的生活提供方便。（见图 1-23 和图 1-24）

图 1-23

图 1-24

8. 整体性原则

室内空间的设计规划、功能布局、造型、风格等都应统一到其所处的整个建筑环境系统的循环网络中。

9. 多样性原则

随着人们生活水平的提高，居住的内涵扩大到了室内设计空间的多样性和个性化的表现。室内设计要具有独特的风格，在统一的、整体的城市环境氛围中，针对各个聚居群体的需要，运用合理的设计方法，创造出丰富的生活空间。（见图 1-25 和图 1-26）

图 1-25

图 1-26

课后习题

一、作业习题

1. 什么是室内设计？它有何重要作用？

2. 室内设计主要包括哪些内容？室内设计的原则有哪些？

二、讨论习题

1. 如何区分室内设计、建筑设计、装饰装修等相关概念？

2. 我国的设计发展趋势如何？

三、思考习题

结合现阶段室内设计的状况，试分析室内设计的特点及未来发展趋势。

Jianzhu Shinei Sheji Xiangmu Gongzuo Shouce

项目二

室内设计与人体工程学

课堂思政小贴士——连环画里的共和国英雄:方志敏

1935年8月6日,天气阴沉,赣江呜咽。方志敏戴着沉重的脚镣,昂首挺胸,走出牢房。刑场上三步一岗,五步一哨,气氛异常沉重。随着一声枪响,方志敏在赣江江畔英勇就义,时年36岁。在方志敏心中,始终有一个理想在激荡,他号召大家“持久地、艰苦地奋斗”,从帝国主义恶魔生吞活剥下救出我们垂死的母亲来;他坚信“中国一定有个可赞美的光明前途”;他坚信,未来的中国“到处都是活跃跃的创造,到处都是日新月异的进步……我们的民族就可以无愧色地立在人类的面前,而生育我们的母亲,也会最美丽地装饰起来,与世界上各位母亲平等地携手了”……方志敏用至洁的思想描绘着心中的家园,憧憬中国的未来,期盼民族的复兴。

学习目标	
知识目标	1. 掌握人体工程学与室内设计的关系。 2. 掌握人体尺度与室内空间的关系。 3. 掌握室内人体工程学尺寸要求
能力目标	1. 掌握室内空间尺度及各项功能的处理要点、室内人体工程学的尺寸要求。 2. 掌握人体工程学的概念和空间尺度要求，积累专业理论知识
素质目标	1. 学习方志敏英雄：用至洁的思想描绘着心中的家园，憧憬中国的未来，期盼民族的复兴。 2. 培养勤于思考、善于动脑、及时发现问题的学习习惯

任务一 人体工程学与室内设计

一、体积

体积，是人体活动的三维范围。这个范围将根据研究对象的国籍、生活的区域，以及个人的民族、生活习惯的不同而各异。人体工程学在设计实践中经常采用的数据都是平均值，此外还向设计人员提供相关的偏差值，以供余量的设计参考。（见图 2-1）

人体工程学与室内设计

图 2-1

二、位置

位置，指人体在室内空间中的相对“静点”。个体与群体在不同的空间的活动中，总会趋向一个相对的空间“静点”，以此来表示人与人之间的空间位置和心理距离等。它主要取决于视觉定位，根据人的生活、工作和活动所要求的不同环境空间，表现在设计中将是一个弹性的指数。（见图 2-2）

三、方向

方向，是指人在空间中的“动向”，这种动向受生理、心理以及空间环境的制约。这种动向体现了人对室内空间使用功能的规划和需求，如：人在黑暗中具有趋光性的表现，在休息室则有背光的行为趋势。（见图 2-3）

图 2-2

图 2-3

任务二
人体尺度与室内空间

一、人体基本尺度

人体基本尺度是人体工程学研究的最基本的数据之一。它主要以人体构造的基本尺寸（又称为人体结构尺寸，主要是指人体的静态尺寸。如：身高、坐高、肩宽、臀宽、手臂长度等）为依据，通过研究人体对环境中各种物理、化学因素的反应和适应能力，分析声、光、热等环境因素对人的生理、心理以及工作效率的影响程度，确定人在生活、生产和活动中所处的各种环境的舒适范围和安全限度，从保证人体健康、安全、舒适和高效出发，为环境因素提供设计原则。人体基本尺度因国家、地域、民族等不同而存在较大的差异。如：日本市民男性的身高平均值为 1651 mm，美国市民男性身高平均值为 1755 mm，英国市民男性身高平均值为 1780 mm。

考虑到人体基本尺度的室内设计如图 2-4 所示。

二、人体基本动作尺度

人体基本动作尺度，是人体处于运动状态时的动态尺寸。人的姿势，按其活动规律可分为站立姿势、座椅姿势、跪坐姿势和躺卧姿势。

考虑人体基本动作尺度的室内设计如图 2-5 所示。

图 2-4

图 2-5

任务三
室内人体工程学尺寸

一、室内常用家具的基本尺寸(单位:mm)

室内人体工程学尺寸

(一)客厅

1. 沙发

单人式:长度 800～950，深度 850～900;坐垫高 350～420;靠背高 700～900。

双人式:长度 1260～1500，深度 800～900。

三人式:长度 1750～1960，深度 800～900。

四人式:长度 2320～2520，深度 800～900。

2. 茶几

小型、长方形:长度 600～750，宽度 450～600，高度 380～500(380 最佳)。

中型、长方形:长度 1200～1350，宽度 380～500 或者 600～750。

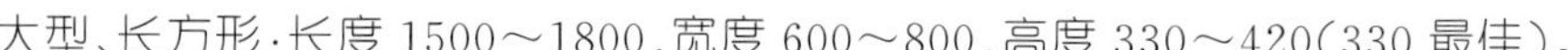

大型、长方形:长度 1500～1800,宽度 600～800,高度 330～420(330 最佳)。

圆形:直径 750、900、1050、1200,高度 330～420。

正方形:宽度 900、1050、1200、1350、1500,高度 330～420。

3. 墙面

(1)踢脚板:高 80～200。

(2)墙裙:高 800～1500。

(3)挂镜线:高 1600～1800(画中心距地面高度)。

(4)厕所、厨房门:宽度 800、900,高度 1900、2000、2100。

(5)窗帘盒:高度 120～180;宽度,单层布 120,双层布 160～180。

客厅常用家具如图 2-6 所示。

(二)厨房、餐厅

餐桌:高 750～790。

餐椅:高 450～500。

圆桌直径:二人 500、800,四人 900,五人 1100,六人 1100～1250,八人 1300,十人 1500,十二人 1800。

方形餐桌:二人 700×850,四人 1350×850,八人 2250×850。

餐桌转盘直径:700～800。

餐桌过道:应大于 1000(其中座椅占 500)。

主通道:宽 1200～1300。

内部工作通道:宽 600～900。

酒吧吧台:高 900～1050,宽 500。

酒吧凳:高 600～750。

厨房、餐厅常用家具如图 2-7 所示。

图 2-6

图 2-7

(三)卧室

衣橱:深度 600～650,衣橱门宽度 400～650。

推拉门:750～1500,高度 1900～2400。

矮柜:深度 350～450,柜门宽度 300～600。

电视柜:深度 450～600,高度 600～700。

单人床:宽度 900、1050、1200,长度 1800、1860、2000、2100。

双人床:宽度 1350、1500、1800,长度 1800、1860、2000、2100。

圆床:直径 1860、2125、2424(常用)。

室内门:宽度 800～950,高度 1900、2000、2100、2200、2400。

固定式书桌:深度 450～700(600 最佳),高度 750。

活动式书桌:深度 650～800,高度 750～780。

书桌下缘离地至少 580。

书架:深度 250～400(每一格),长度 600～1200;下大上小型下方深度 350～450,高度 800～900。

木隔间墙:厚 60～100。

卧室常用家具如图 2-8 所示。

图 2-8

二、室内设计常用尺寸(单位:mm)

(一)客厅

(1)长沙发与茶几之间的距离:300。

在一个(2400×900×750)的长沙发面前摆放一个(1300×700×450)的长方形茶几是非常舒适的,沙发与茶几之间的距离应允许一人通过,同时又便于使用。

(2)一个能摆放电视机的大型组合柜的最小尺寸:2000×500×1800。

这种类型的家具一般由大小不同的方格组成,高处部分比较适合用来摆放书籍,柜体厚度至少保持300;而低处用于摆放电视的柜体厚度至少保持 500,组合柜整体的高度和横宽要考虑与墙壁的面积相协调。

(3)摆放可容纳三四个人的沙发,应该选择搭配的茶几大小:1400×700×450。

在两个沙发摆在一起或是沙发的体积很大的情况下,矮茶几是正确的选择,矮茶几的高度最好和沙发坐垫的高度持平。

(4)在电视机和沙发之间应该预留的距离视电视尺寸大小而定。

设计的重点首先在于视听的距离,高清影像的最佳欣赏距离为影像高度的 3 倍,如电视的画面高度为

600,最佳视听距离就是高度的 3 倍即 1800;其次就是电视的高度,比如说人坐在沙发上时的视线高度为 1200,电视画面中心就应设置在视线高度上下 300～500 的位置。

(5)摆在沙发边上茶几的理想尺寸:方形 700×700×600,圆形 700×600。

放在沙发边上的咖啡桌应该有一个不是特别大的桌面,但要选那种较高的类型,这样即使坐着的时候也能方便舒适地取到桌上的东西。

(6)沙发的靠背高度:850～900。

在这种高度下,使用者可以将头完全放在靠背上,让颈部得到充分的放松。

如果沙发的靠背和扶手过低,可增加一个靠垫来获得舒适感。如空间不是特别宽敞,沙发应该尽量靠墙摆放。

(7)如果客厅位于房子的中央,后面想要留出一个走道的宽度,则宽度为 1000～1200。

通常一个人走路留出的宽度为 600 左右,这样即便是两个成年人迎面走过也不至于相撞。

(8)两个对角摆放的长沙发,它们之间的最小距离为 100,再放一个茶几。

客厅设计如图 2-9 所示。

(二)餐厅

(1)一个供 6 个人使用的餐桌大小:圆形餐桌,直径 1200;长方形餐桌,1400×700。

(2)餐桌离墙体的距离:800,拉出椅子,以及就餐的最小的活动距离。

(3)吊灯和桌面之间的理想距离:700,既能够使桌面得到完整的均匀的照射,又不会觉得压抑。

(4)桌椅的高度:桌子的中等高度是 720,而椅子的通常高度为 450。

(5)一张供 6 个人使用的桌子占用面积:3000×3000,需要为直径 1200 的桌子留出空地,同时还要为在桌子四周就餐的人留出活动空间。这个方案适合于那种大餐厅,面积至少达到 6000×3500。

餐厅设计如图 2-10 所示。

图 2-9

图 2-10

(三)卧室

(1)双人主卧室的最小面积:12 m^2。

夫妻二人的卧室一般不能比这个更小,在这样的房间里除了放一张必备的床以外,还可以放一个双开门的衣柜(1200×600)和两个床头柜。在一个 3000×4500 的房间里可以放更大一点的衣柜,或者选择小一点的双人床,多一个写字台。面积再大一点的还可以装一个带更衣间的衣柜。

(2)两张并排摆放的床之间的距离:900。

两张床之间除了能放下两个床头柜以外,还应让两个人自由走动。当然床的外侧也不例外,这样才能方便地清洁地板和整理床上用品。

(3)如果衣柜被放在了与床相对的墙边,那么床与衣柜的距离:900。

这个距离能方便地打开柜门而不至于被绊倒。

(4)衣柜的适宜高度:2400。

这个尺寸考虑到了在衣柜里能放下长一些的衣物(1600),并在上部留出了放换季衣物的空间(800)。

(5)容得下双人床、两个床头柜外加衣柜的侧面的一面墙的宽度:4200。

这个尺寸的墙面可以放下一张 1600 宽的双人床和侧面宽度为 600 的衣柜,还包括床两侧的活动空间(600~700),以及柜门打开时所占用的空间(600);如衣柜采用推拉门,墙面需要 3600 宽。

卧室设计如图 2-11 所示。

(四)厨房

(1)吊柜和操作台之间的距离:600。

从操作台到吊柜的底部需要确保这个距离,既不会在烹饪时磕磕碰碰,还可以在吊柜里放一些小型家用电器。

(2)在厨房两面相对的墙边都摆放各种家具和电器的情况下,中间留出的做家务的距离:1200。

为了能方便地打开两边家具的柜门,一定要保证至少留出这个距离。如果留出 1500 的距离,则可以保证在两边柜门都打开的情况下,中间再站一个人。

(3)早餐桌周围凳子的合适高度:800。

对于一张高 1100 的早餐桌来说,这是摆在它周围的凳子的理想高度。桌面和凳子之间还需要 300 的空间来容下双腿。

(4)吊柜安装距离地面的高度:1450~1500。

这个高度正常身高的人伸手能够到。

厨房设计如图 2-12 所示。

图 2-11

图 2-12

(五)卫生间

(1)卫生间用具的面积。

马桶的面积:370×600。

悬挂式或圆柱式盥洗池的面积:700×600。

正方形淋浴间的面积:800×800。

浴缸的标准面积:1600×700。

(2)浴缸与对面的墙之间的距离:100。

这是在中间活动的最佳距离,即使浴室很窄,也要在安装浴缸时留出走动的空间,浴缸和其他墙面或物品之间至少要有 600 的距离。

(3)安装一个盥洗池并方便使用的空间大小:900×1050。

这个尺寸适用于中等大小的盥洗池,并能容下另一个人在旁边洗漱。

(4)两个洗手洁具之间应该预留的距离:200。

这个距离包括马桶和盥洗池之间,或者洁具和墙壁之间的距离。

(5)相对摆放的澡盆和马桶之间应保持的距离:600。

这是从中间通过的最小距离,一个能相向摆放澡盆和马桶的洗手间应该至少有 1800 宽。

(6)能在里侧墙边安装一个浴缸的洗手间的宽度:1800。

这对于传统浴缸来说是非常合适的,如浴室比较窄的话,就要考虑安装小型的带座位的浴缸了。

(7)镜子安装的高度:1350。

可使镜子正对着人的脸。

(8)洗脸台安装的最舒服的高度:780。

卫生间设计如图 2-13 所示。

图 2-13

(六)其他创意设计尺寸

(1)地窗高度:600。

地窗是新的窗户形式,颠覆了传统的窗户形态,不仅装饰了空间,更大面积引进了亮光,让较为狭小的空间显得开阔。

(2)休息收纳一体式楼梯高度:207。

在使用高台做出小跃层来区分空间的室内,可以将其中一部分的楼梯作为收纳柜使用,并且制造出休息空间,可供小孩子学习、玩耍,适用于层高较高的室内空间。

(3)房间高度过低,利用横长窗降低重心,长窗的尺寸:1500×650。

层高过低的阁楼等房间要用作卧室,必须要打造成让人安心的空间,降低重心非常重要。

在距离地面 900 高的墙面,做出至少一整面墙的横长窗,略高于床头,并不挨着床头,可以起到控制空间重心的作用。

(4)用于分隔空间中两个区域的半隔断腰墙高度:1400。

为了防止两个功能区域互相干涉,可以在两个区域中间设计一个高1400的腰墙,既区分了空间,也不至于让空间显得闭塞。

(5)嵌入式浴缸的尺寸:600×1500×480。

浴缸深度为480,热水从足尖流至肩膀,人把头靠在浴缸边缘,可以放松身心。浴缸两边可留出300左右宽度的空间,给人一种洞穴式浴缸的印象。

创意设计如图2-14所示。

图2-14

课后习题

一、作业习题

1. 分析客厅、厨房、餐厅、卧室各功能分区的处理要点。
2. 绘制客厅常用人体尺度3张。
3. 绘制厨房常用人体尺度3张。
4. 绘制餐厅常用人体尺度3张。
5. 绘制卧室常用人体尺度3张。

二、讨论习题

讨论客厅、厨房、餐厅、卧室各功能分区的处理要点。

要求:

1. 分析客厅的设计特点。
2. 分析厨房的设计特点。
3. 分析餐厅的设计特点。
4. 分析卧室的设计特点。

三、思考习题

1. 如何让室内空间动线更加流畅舒适?
2. 如何进行更好的、更人性化的室内空间设计?

Jianzhu Shinei Sheji Xiangmu Gongzuo Shouce

项目三

室内空间设计

课堂思政小贴士——连环画里的共和国英雄:红旗渠

河南省林县(今林州市)位于太行山东麓,历史上属于严重干旱地区。新中国成立后,党和政府极为关心林县的缺水问题。在党的领导下,20世纪60年代,林县人民在万仞壁立的太行山上修建了举世闻名的“人工天河”——红旗渠,彻底改变了世世代代贫穷缺水的命运,为经济发展和社会稳定作出重要贡献。在红旗渠建设过程中孕育形成的“自力更生,艰苦创业,团结协作,无私奉献”的红旗渠精神,不仅记载了林县人民那段战天斗地的奋斗历程,而且成为我们党和中华民族宝贵的精神财富,至今仍然激励着广大干部群众奋发进取,开拓创新,不断创造更加辉煌的业绩。

学习目标	
知识目标	1. 掌握室内空间界面设计。 2. 掌握室内空间的类型。 3. 掌握室内空间的构成
能力目标	1. 掌握室内空间的界面设计、类型和构成。 2. 掌握空间布局设计，掌握室内设计的相关理论知识，提高专业能力
素质目标	1. 学习自力更生、艰苦创业、团结协作、无私奉献的红旗渠精神。 2. 培养和业主沟通的能力，培养团队合作精神

任务一
室内空间界面设计

一、室内空间界面及其功能要求

(1)顶棚——质轻、光反射率高、隔声、吸声、保温、隔热。

(2)地面——耐磨、防滑、易清洁、防静电等。

(3)墙面——挡视线、隔声、吸声、保温、隔热。

室内空间界面如图 3-1 所示。

图 3-1

二、室内空间界面的设计原则

1. 功能原则——技术

当代著名建筑大师贝聿铭有这样一段表述："建筑是人用的，空间、广场是人进去的，是供人享用的，要关心人，要为使用者着想。”使用功能的满足自然成为室内空间设计的第一原则，需要由不同的界面设计满足其不同的功能需要。例如，起居室的功能是会客、娱乐等，其主墙界面设计要满足这样的功能要求。（见图3-2和图3-3）

图 3-2

图 3-3

2. 造型原则——美感

室内界面设计中的造型表现占很大的比重。其构造组合、结构方式使得每一个最细微的建筑部件都有可能作为独立的装饰对象。例如，门、墙、檐、天棚、栏杆等均可做出各具特色的界面、结构装饰。（见图3-4）

3. 材料原则——质感

室内空间的不同界面、不同部位应选择不同的材料，来求得质感上的对比与衬托，从而更好地体现室内设计的风格。例如，界面质感的丰富与简洁、粗犷与细腻，都是在比较中存在，在对比中得到体现。（见图3-5）

图 3-4

图 3-5

4. 实用原则——经济

从实用的角度去思考界面处理在材料、工艺等方面的要求，力求简洁、经济、合理。例如，餐厅界面设计，地板砖等材料的价格也是一个选择的依据。（见图3-6）

5. 协调原则——配合

例如，起居室顶面设计必须与空调、消防、照明等有关设施工种密切配合，尽可能使吊顶上部各类管线协调配合。（见图3-7）

图 3-6

图 3-7

6. 更新原则——时尚

21 世纪室内空间设计呈现出“自我风格”和“后现代”设计局面，具有鲜明的时代感，讲究时尚。例如，装饰材料要求无污染、质地和性能更好、更新颖美观。（见图 3-8 和图 3-9）

图 3-8

图 3-9

三、室内空间各界面的设计

（一）顶棚装饰设计

空间界面装饰形式

顶棚是室内空间的上界面，是室内空间设计中的遮盖部件。顶棚作为室内空间的一部分，其使用功能和艺术形态越来越受到人们的重视，对室内空间形象的创造有着重要的意义。

1. 顶棚的主要功能

顶棚的主要功能如下：

（1）遮盖各种通风、照明、空调线路和管道；

（2）为灯具、标牌等提供一个可载实体；

（3）创造特定的使用空间和审美形式；

(4)起到吸声、隔热、通风的作用。

顶棚设计如图 3-10 所示。

2. 影响顶棚使用功能的因素

顶棚作为一种功能界面,它表面的设计和材质都会影响到空间的使用效果。顶棚的高度对于一个空间的尺度也有着重要影响。灯光控制有助于营造气氛和增加层次感。(见图 3-11)

图 3-10

图 3-11

3. 顶棚的设计形态对空间环境的影响

顶棚的设计一般是在原结构形式的基础上对其进行适度的掩饰与表现,以展示结构的合理性与力度美,是对结构造型的再创造。(见图 3-12)

4. 顶棚装饰设计的要求

顶棚装饰设计的要求如下:

(1)顶棚造型应具有轻快感。

(2)满足结构和安全要求。

(3)满足设备布置的要求。

顶棚设计如图 3-13 所示。

图 3-12

图 3-13

5. 常见的顶棚形式

(1)平整式顶棚:平整式顶棚的特点是顶棚表现为一个较大的平面或曲面。

(2)井格式顶棚:由纵横交错的主梁、次梁形成矩形格。

(3)悬挂式顶棚:在承重结构下面悬挂各种折板、格栅或饰物,就构成了悬挂式顶棚。

(4)分层式顶棚:电影院、会议厅等空间的顶棚常常采用暗灯槽,以取得柔和均匀的光线,与这种照明方式相适应的顶棚,可以做成几个高低不同的层次,即分层式顶棚。分层式顶棚的特点是简洁大方,与灯具、通风口的结合更自然。

(5)玻璃顶棚:玻璃顶棚可以满足采光的要求,打破空间的封闭感,使环境更富情趣。这种顶棚的最大特点是可以扩大空间感,形成闪烁的气氛。(见图 3-14)

(二)地面装饰设计

1. 地面的材质对空间环境的影响

不同的地面材质给人以不同的心理感受:木地板因自身色彩肌理特点给人以淳朴、优雅、自然的视觉感受;石材给人沉稳、豪放、踏实的感觉。各种材质的综合运用、拼贴镶嵌,又可充分发挥设计者的才能,展示其独特的艺术性,体现居住者的性情、学识与品位,折射出个人或群体的特殊精神品质与内涵。

图 3-14

2. 地面装饰设计的要求

地面装饰设计的要求如下:

(1)必须保证坚固耐久和使用的可靠性;

(2)应满足耐磨、耐腐蚀、防潮湿、防水、防滑甚至防静电等基本要求;

(3)应具备一定的隔音、吸声性能和弹性、保温性能;

(4)应使室内地面设计与整体空间融为一体,并为之增色。

3. 地面拼花图案设计

运用拼花图案设计,可暗示人们某种信息,或起标识作用,或活跃室内气氛、增加生活情趣。(见图 3-15)

(三)墙面装饰设计

1. 墙面装饰的作用

墙面装饰的作用如下:

(1)保护墙体。

(2)装饰空间。

(3)满足使用要求。

墙面装饰设计如图 3-16 所示。

2. 墙面装饰设计的几种形式

(1)抹灰类装饰。

(2)贴面类装饰。

图 3-15

图 3-16

(3)涂刷类装饰。

(4)卷材类装饰。

(5)原质类装饰。

(6)综合类装饰。

各种形式的墙面装饰设计如图 3-17 至图 3-21 所示。

图 3-17

图 3-18

图 3-19

图 3-20

图 3-21

四、室内空间界面的设计要点

(一)形状

空间界面设计要点

室内空间界面是由各界面的轮廓线构成的,不同形状的面会给人以不同的联想和感受。如人民大会堂的墙壁与顶棚没有明显的界线,自然衔接,形成一个浑然一体的形体。(见图 3-22)

(二)图案

1. 图案的作用

(1)利用人们的视觉来改善界面的比例。(见图 3-23)

图 3-22

图 3-23

一个正方形的墙面,用一组平行线装饰后,看起来像长方形;把相对的两个墙面全部这样处理后,平面为正方形的房间,看上去就会显得更深远。

(2)使空间富于静感或动感。

纵横交错的直线组成的网格图案,会使空间具有稳定感;斜线、折线、波浪线和其他方向性较强的图案,则会使空间富有运动感。

2. 图案的选择

在选择图案时，应充分考虑空间的大小、形状、用途和性格。动感强的图案，用在入口、走道、楼梯和其他气氛活跃的公共空间，不宜用于卧室、客厅或者其他气氛闲适的房间；过分抽象和变形较大的动植物图案，用于成人使用的空间，不宜用于儿童的房间；儿童用房的图案，应富有更多的趣味性，色彩可鲜艳明快些；成人用房的图案，慎用纯度过高的色彩，以使空间环境更加稳定而统一。（见图 3-24）

(三)材料的色彩、质地

用冷色调可使空间有后退感，使空间感扩大，但冷色调也会给人以寒冷的感觉，冬天阴面房间应谨慎使用。质地光滑或坚硬的材料，容易形成反射，而使空间感变大；相反，粗糙质感的材料会使空间感变小。（见图 3-25）

图 3-24

图 3-25

五、室内空间界面装饰材料的选用要求

(1)适应室内使用空间的功能性质。

(2)适合装饰设计的相应部位。

(3)符合更新、时尚的发展需要。

(4)精心设计，巧用、精用装饰材料。

室内空间界面设计如图 3-26 所示。

图 3-26

任务二
室内空间类型

室内空间的类型可以根据不同空间构成所具有的性质和特点来加以区分。

室内空间类型

一、封闭空间与开敞空间

1. 封闭空间

封闭空间用限定性较高的围护实体包围起来，在视觉、听觉等方面具有很强的隔离性，给人以领域感、安全感、私密性的心理效果。（见图 3-27）

2. 开敞空间

开敞空间的限定性和私密性较小，强调与空间环境的交流、渗透，讲究对景、借景以及与大自然或周围空间的融合。（见图 3-28）

图 3-27

图 3-28

二、动态空间与静态空间

1. 动态空间

动态空间又称为流动空间，往往具有空间的开敞性和视觉的导向性特点，界面（特别是曲面）组织具有连续性和节奏性，空间构成形式富有变化性和多样性，常使视线从这一点转向那一点。开敞空间连续贯通之处，正是引导视觉流通之时，空间的运动感既在于塑造空间形象的运动性上，更在于组织空间的节律性上。如：锯齿形式有规律的重复，使视觉始终处于流动状态；屏风、透明的隔断、高低差，既有独立性，又能保持视觉和交通的流动性。（见图 3-29 至图 3-31）

图 3-29

图 3-30

动态空间的特点如下:

(1)利用机械、电器、自动化的设施,使人的活动形成动势。

(2)组织引人流动的空间序列,方向性较明确。

(3)空间组织灵活,人的活动线路为多向。

(4)利用对比强烈的动感线形。

(5)光怪陆离的光影,生动的背景音乐。

(6)引入自然景物。

(7)利用楼梯、壁画、家具等使人时停、时动、时静。

(8)利用匾额、楹联等启发人们对动态的联想。

2. 静态空间

静态空间一般来说形式比较稳定,常采用对称式和垂直、水平界面处理。空间比较封闭,构成比较单一,视觉常被引导在一个方位或落在一个点上,空间常表现得非常清晰明确,一目了然。(见图 3-32)

图 3-31

图 3-32

静态空间的特点如下:

(1)空间的限定性较强,趋于封闭。

(2)多为尽端房间,序列至此结束,私密性较强。

(3)多为对称空间(四面对称或左右对称),除了向心、离心以外,较少有其他倾向,达到一种静态的平衡。

(4)空间及陈设的比例、尺度协调。

(5)色彩淡雅和谐、光线柔和、装饰简洁。

(6)视线转换平和,避免强制性引导视线。

三、灰空间

灰空间又称为模糊空间,它的界面模棱两可,具有多种功能的含义,空间充满复杂性和矛盾性,常介于两种不同类型的空间之间。(见图 3-33)

四、固定空间与可变空间

固定空间即固定不变的空间形式。

可变空间即通过室内某一分隔界面的灵活移动或变化而使相邻两个空间的性质发生变化的空间形式。(见图 3-34 和图 3-35)

图 3-33

图 3-34

图 3-35

五、结构空间和悬浮空间

1. 结构空间

人们通过对结构外露部分的观赏，领悟结构构思所营造的空间美、现代感、力度感、科技感、安全感，达到震撼人心的效果。（见图 3-36）

2. 悬浮空间

在垂直方向的划分采用悬吊结构时，可在视觉效果上保持通透，底层空间的利用灵活自由。悬浮空间具有新鲜、透视、轻盈、自由、灵活的效果。（见图 3-37）

图 3-36

图 3-37

六、共享空间与母子空间

1. 共享空间

波特曼首创的共享空间，在各国享有盛誉，它以其罕见的规模和内容、丰富多彩的环境、别出心裁的手法，将多层内院打扮得光怪陆离、五彩缤纷。从空间处理上讲，共享大厅可以说是一个运用多种空间处理手法的综合体系。许多像四季厅、中庭等一类的共享大厅相继诞生，各类建筑竞相效仿。但某些大厅却缺乏应有的活力，这在很大程度上是由于空间处理不够生动，没有恰当地融汇各种空间形态。变则动，不变则静，单一的空间类型往往是静止的，多样变化的空间形态就会形成动感。优秀的共享空间设计应小中有大、大中有小，外中有内、内中有外，互相穿插交错，流动性强，具有共享、共乐的特征。（见图 3-38）

2. 母子空间

人们在大空间中一起工作、交谈或进行其他活动，有时会感到彼此干扰，缺乏私密性，空旷而不够亲切；而在封闭的小房间虽避免了上述缺点，但又会产生工作上的不便和空间沉闷、闭塞的感觉。在大空间内围隔出小空间，这种封闭与开敞相结合的办法可解决这一问题。把大厅划分成若干小区，增强了亲切感和私密感，更好地满足了人们的心理需要。这种强调共性中有个性的空间处理，强调心（人）、物（空间）的统一，是公共建筑设计中的一大进步。（见图 3-39）

图 3-38

图 3-39

七、交错空间

现代的室内空间设计已不满足于封闭规整的六面体和简单的层次划分，在水平方向往往采用垂直围护面的交错配置，形成空间在水平方向上的穿插交错；在垂直方向则打破了上下对位，而创造上下交错覆盖、俯仰相望的生动场景。特别是交通面积的相互穿插交错，颇像城市中的立体交通，在大的公共空间中，便于组织和疏散人流。交错空间可形成不同空间之间的交融渗透，带有流动空间与可变空间的特点。交错空间造型丰富、情趣感强、功能性强。（见图 3-40 和图 3-41）

图 3-40

图 3-41

八、地台空间与下沉空间

1. 地台空间

地台空间是将室内地面局部抬高，抬高面的边缘划分出的空间。地台空间具有收纳性、展示性，居高临下、视野开阔、趣味盎然。可直接把台面当座席、床位，台上陈物、台下贮藏，把家具、设备与地面结合，充分利用空间、创造新的空间。（见图 3-42）

2. 下沉空间

下沉空间具有较强的围护感，性格是内向的，视点降低，新鲜有趣，可布置座位、柜架、绿植、围栏、陈设等。（见图 3-43）

图 3-42

图 3-43

任务三
室内空间构成

一、构成要素

室内空间构成

(一)点

1. 点的属性

以点为基础的几何造型,具有丰富的联想、巧妙的构思、强烈的视觉效果,受到人们的喜爱。将点运用于空间和界面,已成为一个重要的装饰手段。

2. 点在空间环境中的运用

空间环境中处处可见"点"的存在:一方面,家具和实物体,如一部电话、一瓶香水或者一点灯光是"点";另一方面,在界面中,点得到比其他艺术形式更多的重合结果——它既是空间转角的角点,又是这些面的起点。面直接引出点并由点向外延伸,空间中点的位置决定了各界面的位置。(见图 3-44)

(二)线

线是点在移动中留下的轨迹,线不仅有长短,而且有粗细,线具有"面"的属性。它的判断,依据形象的长与宽的差异。空间的方向性和长度构成线的主要特征。

线可分为直线和曲线。直线是最简单的线的形式,表现出无限的张力和方向性。直线一般可分为水平线、垂直线和斜线。(见图 3-45)

曲线具有丰满、优雅、柔和、流畅的特点。(见图 3-46)

图 3-44

图 3-45

图 3-46

(三)面

设计中的点、线、面如同生活中的万事万物一样,相互依存、相辅相成。面可分为以下几种:

(1)几何型的面:数学方式构成的面。

(2)有机型的面:自由曲线构成的面。

(3)直线型的面:直线构成的面。

(4)偶然型的面:偶然获得的面。

(5)不规则的面:由线随意构成的面。

室内设计中的面如图 3-47 和图 3-48 所示。

图 3-47

图 3-48

二、构成的基本法则

(一)协调和统一

协调和统一是室内设计的基本法则之一,把所需的设计要素组合在一起,运用技术和艺术的手段去创造协调和统一的空间,使各设计要素成为一个有机的整体。(见图 3-49)

(二)比例和尺度

比例研究的是物体本身三个方向量度间的关系,只有比例和谐的设计才具有美感。尺度研究的是整体和局部之间的关系，它和比例是相互联系的。凡是和人有关系的物体都有尺度问题，如建筑空间、家具等，都必须和人体保持相应的大小和尺寸关系。（见图 3-50）

图 3-49

图 3-50

（三）均衡和稳定

均衡是空间构图中各要素之间的相对的轻重关系，稳定是空间整体上下之间的轻重关系。空间的均衡是空间前后左右各部分的关系，应给人安定、平衡和完整的感觉。室内设计中的均衡一方面是指整个空间的构图效果，它和物体的大小、形状、质地、色彩有关系；另一方面是指室内四个墙面的视觉平衡，墙面构图集中在一侧，则墙面不均衡，经过适当的调整后可使墙面构图达到均衡。（见图 3-51）

（四）节奏和韵律

节奏就是有规律地重复，各要素之间具有单纯的、明确的、秩序井然的关系，产生匀速、有规律的动感。自然界中许多现象由于有规律地重复出现或有秩序地变化而产生韵律感，人们有意识地加以模仿和运用，从而创造出各种具有条理性、重复性和连续性的美的形式，这就是韵律美。韵律是节奏的深化，是情调在节奏中的运用。节奏富于理性，韵律富于感性。（见图 3-52）

图 3-51

图 3-52

三、空间的分隔方法

室内空间分隔

1. 绝对分隔

用承重墙分隔空间，这样分隔出的空间有非常明确的界线，是封闭的。（见图 3-53）

2. 局部分隔

局部分隔通常是用屏风、不到顶的隔墙和较高的家具等划分空间。局部分隔有时界限不大分明。用平行面分隔空间，流通性较强，还有一定的聚集性。（见图 3-54）

图 3-53

图 3-54

3. 象征性分隔

用低矮的面、栏杆、花格、玻璃等通透的隔断，或者家具、绿植、水体、色彩、材质、光线等因素分隔空间，属于象征性分隔。（见图 3-55）

4. 弹性分隔

弹性分隔利用拼装式、直滑式、折叠式、升降式等活动隔断和幕帘、家具、陈设等分隔空间，可以根据使用要求，随时启闭或移动，空间随之分合。（见图 3-56）

图 3-55

图 3-56

5. 建筑结构分隔

(1)用钢框架分隔空间,有很强的现代感。

(2)用旋转楼梯划分空间,凸显方位感。(见图 3-57)

6. 隔断分隔

线条分割的隔墙,与空间有咬合感,也增强了空间之间的渗透性。(见图 3-58)

图 3-57

图 3-58

7. 色彩、材质分隔

利用墙体、背景和地面等的色彩和材质的变化,划分空间。如图 3-59 所示,颜色鲜艳的墙体、地毯对空间进行了明确的划分。

8. 高差分隔

利用高差划分空间,使之具有一定的独立性。下沉式设计同样也可以通过高度差营造出空间的通透感。(见图 3-60)

图 3-59

图 3-60

9. 家具分隔

如图 3-61 所示,利用吧台和搁架划分出起居室和餐厅,使空间具有领域感。

10. 装饰构架分隔

利用几何形的装饰构架划分空间,也可采用多种材质,以增加空间的趣味性。(见图 3-62)

图 3-61

图 3-62

11. 绿化分隔

如图 3-63 所示，利用植物所组成的花台分隔空间，使单调的空间充满勃勃生机。在共享空间中，利用高低错落的绿植分隔空间，可营造出一种轻松、开放的氛围。

12. 照明分隔

不同的光源和照明方式，可从不同的位置和角度划分空间，使光环境丰富多彩。（见图 3-64）

图 3-63

图 3-64

课后习题

一、作业习题

1. 绘制不同的室内空间界面小稿 2 张。

2. 绘制将大空间分隔成小空间的设计练习小稿 3 张。

3. 绘制室内空间造型设计的方案小稿（不得少于 4 种）。

4. 对特定功能的空间环境进行各界面及配套设施的装饰设计。要求完成下列图纸（标注尺寸和材料做法）：设计方案平面图、设计方案顶面图、设计方案各剖立面图，设计方案 1～2 个配套设施，并完成其 2 个节点详图。

二、讨论习题

讨论室内空间界面的装饰设计创新，可从以下四点进行讨论：

1. 以建筑装饰材料的特性作为装饰设计创新的切入点。

2. 以创造新的室内设计符号作为装饰设计创新的切入点。

3. 以完善空间环境的使用功能作为装饰设计创新的切入点。

4. 以独特准确的设计概念作为装饰设计创新的切入点。

三、思考习题

1. 思考封闭式空间划分的特性与适用范围。

2. 结合共享空间分析空间分隔的手法。

3. 如何看待当前室内设计中“轻装修、重装饰”的观点？

项目四

室内照明设计

课堂思政小贴士——连环画里的共和国英雄：欧阳海

“如果需要为共产主义的理想而牺牲，我们每一个人，都应该也可以做到脸不变色心不跳。”这句话，是一名年轻解放军战士用23岁生命践行的人生格言。他就是欧阳海。

1959年1月，欧阳海入伍，在中国人民解放军原68302部队七连任班长。连队搞训练，他起早贪黑练硬功。连队执行施工任务，他干起活来不要命，哪里有困难，哪里有危险，他就往哪里冲。

欧阳海全心全意为人民服务，经常帮助“五保户”打柴、担水、修房子；他曾两次跳进水中，奋不顾身地救起落水小孩；也曾冒着烈火，抢救一位老大娘脱险。他只读过一年半的书，却凭着顽强的毅力，读了很多毛主席著作和其他革命书籍，写了大量读书笔记，大大提高了革命觉悟。

学习目标	
知识目标	1.掌握室内光环境。 2.掌握室内照明设计基础知识。 3.掌握室内照明设计方法
能力目标	1.掌握室内照明设计的相关知识。 2.掌握照明工程的施工细节,掌握室内设计的相关理论知识,提高专业能力
素质目标	1.学习欧阳海英雄不畏艰险、全心全意为人民服务的精神。 2.培养团队合作精神,端正行业态度和职业操守

任务一 室内光环境

一、自然采光

自然采光根据光的来源方向以及采光口所处的位置,分为侧面采光和顶部采光两种形式。

侧面采光有单侧、双侧及多侧之分,而根据采光口高度位置不同,可分高、中、低侧。侧面采光可选择良好的朝向和室外景观,光线具有明显的方向性,有利于形成阴影。但侧面采光只能保证有限进深的采光要求(一般不超过窗高两倍),更深处则需要人工照明来补充。一般采光口置于1米左右的高度,有的场合为了利用更多墙面(如展厅为了争取更多展览面积)或为了提高房间深处的照度(如大型厂房等),将采光口提高到2米以上,称为高侧窗。

侧面采光如图4-1至图4-3所示。

图4-1

图4-2

二、人工照明

在进行人工照明的组织设计时,必须考虑以下几方面的因素。

图 4-3

1. 光照环境质量因素

合理控制照度，使工作面照度达到规定的要求，避免光线过强和照度不足两个极端。

2. 安全因素

在技术上给予充分考虑，避免发生触电和火灾事故，特别是在公共娱乐性场所，必须考虑安全措施以及标志明显的疏散通道。

3. 室内心理因素

灯具的布置、颜色等应与室内装修相互协调，做到室内空间布局、家具陈设与照明系统相互融合，考虑照明效果造成的心理反应，以及在构图、色彩、空间感、明暗、动静及方向性等方面是否达到视觉上的满意、舒适和愉悦。

4. 经济管理因素

考虑照明系统的投资和运行费用，以及是否符合照明节能的要求和规定，考虑设备系统管理维护的便利性，以保证照明系统正常高效运行。

人工照明如图 4-4 至图 4-6 所示。

图 4-4

图 4-5

图 4-6

任务二
室内照明设计基础知识

光线可以构成空间，并能起到改变空间、美化空间的作用，直接影响物体的视觉大小、形状、质感和色彩，以至影响到环境的艺术效果。

一、光的种类

照明用光随灯具种类和造型的不同，产生不同的光照效果，产生的光线，分为直射光、反射光和漫射光三种。

1. 直射光

直射光是指光源直接照射到工作面上的光。直射光的照度高，电能消耗少，为了避免光线直射人眼产生眩光，通常需用灯罩把光集中照射到工作面上。（见图 4-7）

2. 反射光

利用光亮的镀银反射罩做定向照明，使光线受下部不透明或半透明的灯罩的阻挡，光线的全部或一部分反射到天棚和墙面，再向下反射到工作面，这类光线柔和、视觉舒适，不易产生眩光。（见图 4-8）

图 4-7

图 4-8

3. 漫射光

漫射光是利用磨砂玻璃罩、乳白灯罩，或特制的格栅，使光线形成多方向的漫射，或者是由直射光、反射光混合的光线，光质柔和，艺术效果颇佳。（见图 4-9）

图 4-9

二、照明方式

根据光通量的空间分布状况，照明方式可分为以下五种。

1. 直接照明

光线通过灯具射出，其中 90%～100%的光线到达假定的工作面上，这种照明方式为直接照明。直接照明具有强烈的明暗对比，并能造成有趣生动的光影效果，可突出工作面在整个环境中的主导地位，但是由于亮度较高，应防止眩光的产生。直接照明有广照型、中照型和深照型三种。

2. 半直接照明

半直接照明方式是用半透明材料制成的灯罩罩住灯泡上部，60%～90%的光线射向工作面，10%～40%的被罩光线经半透明灯罩扩散而向上漫射。其光线比较柔和，漫射光线能照亮平顶，使房间顶部视觉高度增加，产生较高的空间感，因此常用于较低的房间的一般照明。

3. 间接照明

间接照明是将光源遮蔽而产生间接光的照明方式，其中 90%～100%的光线通过天棚或墙面反射作用于工作面，10%以下的光线则直接照射工作面。间接照明有两种处理方法：一种是将不透明的灯罩装在灯泡的下部，光线射向平顶或其他物体上反射成间接光线；一种是把灯泡设在灯槽内，光线从平顶反射到室内成间接光线。这种照明方式单独使用时，需注意不透明灯罩下部的浓重阴影，通常和其他照明方式配合使用，才能取得特殊的艺术效果。

4. 半间接照明

半间接照明方式和半直接照明相反，把半透明的灯罩装在灯泡下部，60%～90%的光线射向平顶，形成间接光线，10%～40%的光线经灯罩向下扩散。这种方式能产生比较特殊的照明效果，使较低矮的房间有增高的感觉，适用于住宅中的小空间部分，如门厅、过道等。通常在学习的环境中采用这种照明方式最为相宜。

5. 漫射照明方式

漫射照明方式是利用灯具的折射功能来控制眩光，将光线向四周扩散漫射。这种照明大体上有两种形式：一种是光线从灯罩上口射出经平顶反射，两侧从半透明灯罩扩散，下部从格栅扩散；另一种是用半透明灯罩把光线全部封闭而产生漫射。这类照明光线性能柔和、视觉舒适，适用于卧室。

卧室照明设计如图 4-10 至图 4-14 所示。

图 4-10

图 4-11

图 4-12

图 4-13

图 4-14

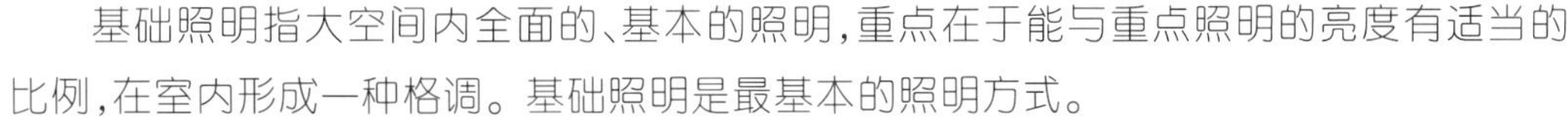

三、照明的布局形式

照明布局形式分为三种，即基础照明、重点照明和装饰照明。（见图 4-15 至图 4-17）

室内照明形式

1. 基础照明

基础照明指大空间内全面的、基本的照明，重点在于能与重点照明的亮度有适当的比例，在室内形成一种格调。基础照明是最基本的照明方式。

2. 重点照明

重点照明指对主要场所和对象进行重点投光。如商店货架或橱窗的照明，增强顾客对商品的注意力，亮度根据商品种类、形状、大小以及展览方式等确定，使用强光来加强商品表面的光泽，强调商品形象。

3. 装饰照明

为了对室内进行装饰，增加空间层次，营造环境气氛，常用装饰照明，使用装饰吊灯、壁灯等图案形式统一的系列灯具，更好地表现具有强烈个性的空间艺术。装饰照明只能是以装饰为目的的独立照明，不兼作基础照明或重点照明。

图 4-15

图 4-16

图 4-17

四、照明质量

1. 照度

照度，是指被照物体单位面积上的光通量值，在确定被照环境所需照度大小时，必须考虑到被观察物体的大小尺寸，以及它与背景亮度的对比程度。

2. 亮度

亮度，是指发光体在视线方向单位投影面积上的发光强度。背景环境的亮度应尽可能低于被观察物体的亮度，当被观察物体的亮度为背景环境亮度的 3 倍时，通常可获得较好的视觉清晰度。

3. 眩光

眩光，是指视野内出现过高亮度或过大的亮度对比所造成的视觉不适或视力减低的现象。

4. 光源的显色性

光源的种类很多，其光谱特性各不相同，同一物体在不同光源的照射下，将会显现出不同的颜色，这就是光源的显色性。研究表明，色温的舒适感与照度水平有一定的相关关系，在很低照度下，舒适的光色是接近火焰的低色温光色；在偏低或中等照度下，舒适光色是接近黎明和黄昏的色温略高的光色；而在较高照度下，舒适光色是接近中午阳光或偏蓝的高色温天空光色。

5. 阴影

在工作物件或其附近出现阴影，会造成视觉的错觉现象，增加视觉负担，影响工作效率，在设计中应予以避免。

室内照明设计如图 4-18 至图 4-26 所示。

图 4-18

图 4-19

图 4-20

图 4-21

图 4-22

图 4-23

图 4-24

图 4-25

图 4-26

任务三 室内照明设计

一、室内照明设计基本原则

室内照明设计应遵循以下基本原则：

(1)实用性原则。

(2)安全性原则。

(3)经济性原则。

(4)艺术性原则。

室内照明设计如图 4-27 和图 4-28 所示。

图 4-27

图 4-28

二、室内照明设计要求

室内照明设计除应遵循基本原则外，还应满足以下要求：

1. 照度标准

照明设计应有一个合适的照度值，照度值过低，不能满足人们正常工作、学习和生活的需要；照度值过高，容易使人产生视觉疲劳，影响健康。照明设计应根据空间使用情况，符合《民用建筑电气设计标准》规定的照度标准。

2. 灯具的位置

正确的灯具位置应与室内人们的活动范围以及家具的陈设等因素结合起来考虑，不仅要满足照明设计的基本功能要求，同时要加强整体空间意境，控制好发光体与视线的角度，避免产生眩光，减少灯光对视线的干扰。

3. 灯光的投射范围

灯光的投射范围是指保证被照对象达到照度标准的范围，取决于人们室内活动作业的范围及相关物体对照明的要求。照明的投射范围使室内空间形成一定的明暗对比关系，产生特殊的气氛，有助于集中人们的注意力。

各种室内照明设计如图 4-29 至图 4-36 所示。

图 4-29

图 4-30

图 4-31

图 4-32

图 4-33

图 4-34

图 4-35

图 4-36

课后习题

一、作业习题

选择一套居住空间的平面布置图,按照要求进行照明设计。

要求:用二号图纸完成,表现手法不限,突出照明设计。

内容:顶棚布置图,比例自定。说明你的设计意图,注意构图。

二、讨论习题

1. 室内照明的方式有哪些?

2. 简述室内照明设计的基本原则。

3. 室内照明设计的基本要求是什么?

4. 建筑化照明的方式有哪些?说明其特点。

三、思考习题

1. 室内家居空间是我们接触最多的空间模式,在室内家居设计中应该运用哪些照明方式?举例说明。

2. 好的灯具能活跃室内氛围并成为设计的亮点,收集灯具资料,说明灯具的材质以及照明方式,并说明如何在室内合理运用。

Jianzhu Shinei Sheji Xiangmu Gongzuo Shouce

项目五

室内色彩设计

课堂思政小贴士——连环画里的共和国英雄：王进喜

铁人王进喜是工人阶级的先锋战士、共产党人的优秀楷模和顶天立地的民族英雄。铁人精神的基本内涵包括："为国分忧、为民族争气"的爱国主义精神；"宁肯少活20年，拼命也要拿下大油田"的忘我拼搏精神；"有条件要上，没有条件创造条件也要上"的艰苦奋斗精神；"干工作要经得起子孙万代检查""为革命练一身硬功夫、真本事"的科学求实精神；"甘愿为党和人民当一辈子老黄牛"，埋头苦干的无私奉献精神。铁人精神是王进喜崇高风范、优秀品质的生动写照，是我国石油工人光荣传统和优良作风的集中体现，蕴含着丰富的党建价值，是加强党的作风建设的生动教材。

学习目标	
知识目标	1.掌握色彩概念。 2.掌握色彩效应。 3.掌握室内色彩设计基本要求。 4.掌握室内色彩设计方法
能力目标	1.掌握室内色彩设计的相关知识。 2.掌握室内色彩设计的方法并能合理应用
素质目标	1.学习王进喜英雄为国分忧、为民族争气、忘我拼搏的爱国主义精神。 2.培养刻苦学习的精神

任务一
色彩概念

色彩不是一个抽象的概念，它和材料、质地紧密地联系在一起。色彩具有很强的视觉冲击力，如在绿色的田野里，即使在离你很远的地方，也能很容易发现穿红色衣服的人。当我们在五彩缤纷的大厅里联欢时，会倍增欢乐并充满节日的气氛；若在游山玩水时遇上阴天，心情也会低落，因此色彩能够影响人的心情。

室内色彩基本要求

一、色彩三属性

色彩具有三种属性，即色相、明度和彩度。

(1)色相。

色相说明色彩所呈现的相貌，如红、橙、黄等。

色相环如图 5-1 所示。

不同的色相如图 5-2 所示。

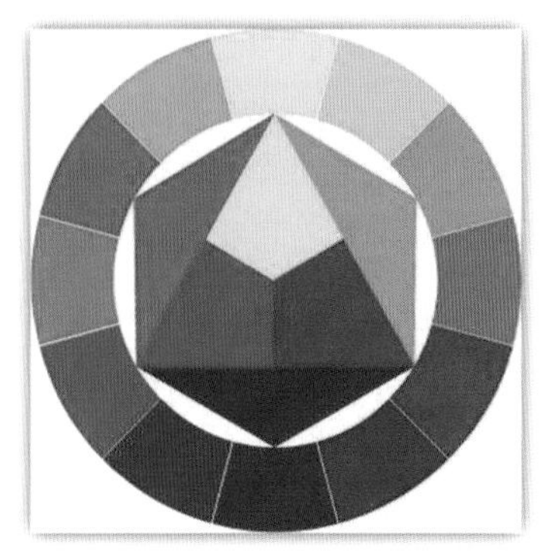

图 5-1

图 5-2

(2)明度。

明度是指色彩的明暗程度,接近白色的明度高,接近黑色的明度低。

色彩的明度对比如图 5-3 所示。

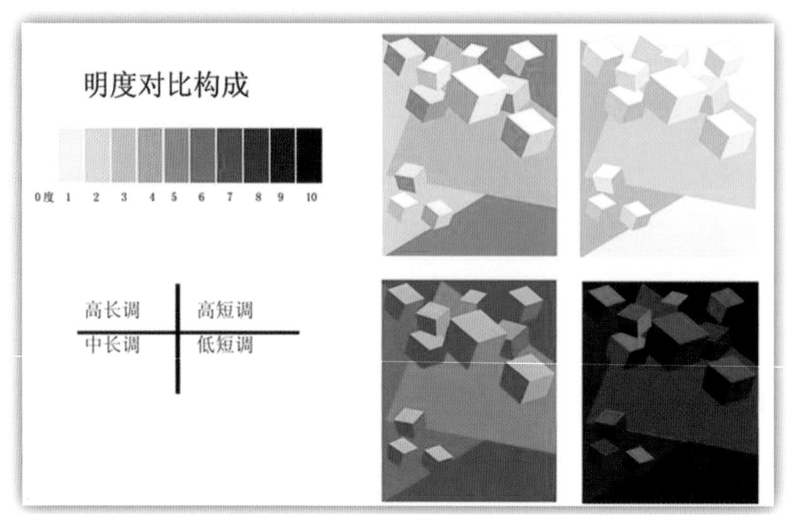

图 5-3

(3)彩度。

彩度又称纯度、饱和度,是指色彩的鲜艳程度,或色彩的纯净程度。

色彩的纯度对比如图 5-4 所示。

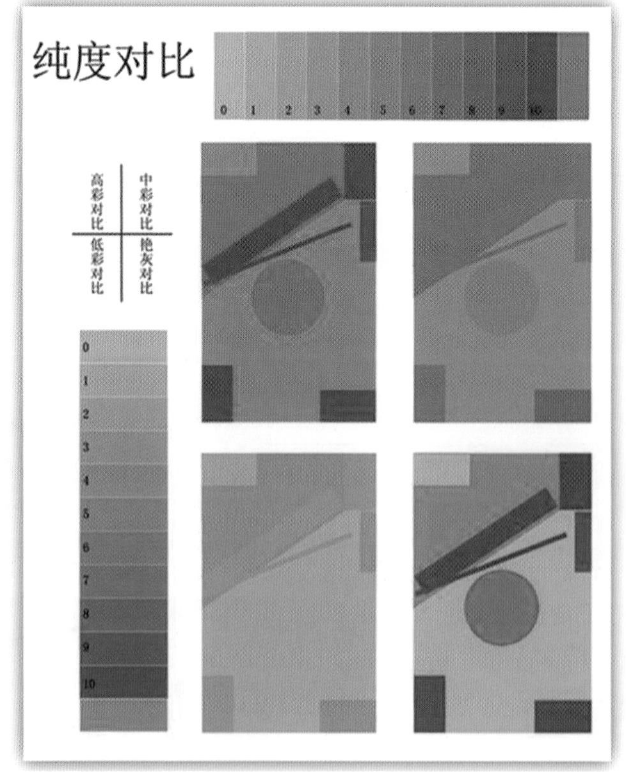

图 5-4

二、图形色和背景色

色彩中最基本的关系就是图底关系，即图形色和背景色的关系。一般而言，具有以下特点：

(1)小面积色彩比大面积色彩成为图形的机会多。

(2)被围绕的色彩比围绕的色彩成为图形的机会多。

(3)静止的色彩比动态的色彩成为图形的机会多。

(4)简单而规则的色彩比复杂而不规则的色彩成为图形的机会多。

三、材质与色彩

一切物体除了形、色以外，材料的质地与线、形、色一样能够传递信息。

1. 粗糙与光滑

表面粗糙的材料有许多，如石材、粗砖、磨砂玻璃等；光滑的材料如玻璃、抛光金属、釉面陶瓷等，不同的材料有不同的质感。

2. 软与硬

许多纤维织物，都有柔软的触感，如纯羊毛织物虽然质地粗糙但手感舒适；金属、玻璃等材料耐磨、不易变形，有很好的光洁度。

3. 冷与暖

金属、玻璃、大理石等是很好的室内装饰材料，但用多了会产生冷漠的效果。色彩不同，冷暖不一样，如红色花岗岩，触觉是冷的，而视觉上则感觉是温暖的。木材在表现冷暖上有独特的优势，它比织物冷，比金属、玻璃要暖；比织物硬，比石材要软，可称室内材料之王。

4. 光泽与透明度

许多经过加工的材料具有很好的光泽，如抛光金属、玻璃、大理石、釉面砖等，可使室内空间感扩大；透明材料，如玻璃等，可增加空间的广度和深度。

5. 肌理

材料的肌理或纹理，有均匀无线条的，有水平的、垂直的、交错的，等等。室内材料肌理纹样过多会造成视觉上的混乱。

室内色彩设计如图 5-5 至图 5-14 所示。

图 5-5

图 5-6

图 5-7

图 5-8

图 5-9

图 5-10

图 5-11

图 5-12

图 5-13

图 5-14

任务二
色 彩 效 应

色彩可以产生冷暖、远近、轻重、大小等感受。色彩具有温度感、距离感、重量感、尺度感。暖色和明度高的色彩具有扩散作用，物体显得大；冷色和暗色具有内聚作用，物体显得小。（见图 5-15 至图 5-18）

图 5-15

图 5-16

图 5-17

图 5-18

长波的颜色引起扩展的反应，短波的颜色引起收缩的反应，整个机体由于颜色不同，或者向外扩，或者向内收，并向机体中心集结。人的眼睛会很快地在它所注视的任何色彩上产生疲劳，而疲劳的程度与色彩的彩度成正比，当疲劳产生之后眼睛有暂时记录它的补色的趋势。在使用刺激色和高彩度的颜色时要十分慎重，要注意在色彩组合时考虑到视觉残像对物体颜色产生的影响，并且要能够使眼睛得到休息和平衡的机会。（见图 5-19 至图 5-21）

图 5-19

图 5-20

图 5-21

任务三
室内色彩设计基本要求

在进行室内色彩设计时，要考虑以下与色彩有密切联系的方面。

1. 空间的使用目的

使用目的不同的空间，如办公室、娱乐厅、病房、起居室等，在对色彩的要求、性格的体现、气氛的形成等方面各不相同。

2. 空间的大小、形式

可以根据不同空间的大小、形式，利用色彩来进一步强调或削弱空间。

3. 空间方位

不同方位的空间在自然光线作用下的色彩是不同的，冷暖感也有差别，可以利用色彩来调整空间的冷暖感。

4. 空间使用者

男、女、老、幼，不同的使用者对色彩的要求有很大的区别，色彩应适合不同使用者的特点，根据不同人的审美要求，切合不同使用者的爱好和个性，这样才能符合使用者的心理要求，在符合色彩的功能要求原则下，充分发挥色彩在构图中的作用。

5. 使用者在空间内的活动及使用时间的长短

教室、生产车间等不同的活动与工作内容，要求不同的视线条件，采用不同的色彩，达到舒适、安全的目的，才能提高工作效率。对色彩的色相、纯度对比等的考虑也存在着差别，对长时间活动的空间，应考虑不产生视觉疲劳。

6. 空间所处的周边环境

色彩和环境有密切联系，尤其在室内，色彩的反射可以影响其他颜色，不同的周边环境，通过室外的自然景物也能反射到室内来，室内色彩应与周围环境取得协调统一的效果。

各色彩系列的室内设计方案如图 5-22 至图 5-37 所示。

图 5-22

图 5-23

图 5-24

图 5-25

图 5-26

图 5-27

图 5-28

图 5-29

图 5-30

图 5-31

图 5-32

图 5-33

图 5-34

图 5-35

图 5-36

图 5-37

任务四
室内色彩设计方法

一、色彩调和

调和是指在色彩设计中，两种或两种以上的颜色并置在一起时给人以视觉上的愉悦感，在设计中可通过选择主色调、利用色彩的连续性以及色彩均衡等手法做到色彩的调和。主色调是指在色彩设计中以某一种色彩或某一类色彩为主导色，构成色彩环境的基调。主导色是由界面色、物体色、灯光色等综合而成的，在设计中选择含有同类色素的色彩来配置构成，以体现出温馨、浪漫或严肃、冷静的感受，使人获得视觉上的和谐与美感。如：室内大面积的色彩宜发亮，对比宜弱，小面积的色彩对比则可强些；从明度上来看，室内色彩宜地面重，墙面灰，顶棚轻，使人形成视觉和心理上的平衡感。（见图 5-38）

室内色彩设计方法

图 5-38

二、色彩对比

1. 相似色

只用两至三种在色相环上互相接近的颜色作为主色调，称之为相似色调。如整个空间以不同明度的绿色和黄色为主色调，这些色彩在色相环中相互之间很接近，十分和谐，使整个空间显得宁静、清新(见图 5-39)。又如整个空间以黄色、红色为主色调，利用无彩色系的白色、黑色做相应的调剂，加强了其明度和纯度的表现力，使整个空间显得明亮、宁静、整洁(见图 5-40)。

图 5-39

图 5-40

2. 互补色

采用在色相环上处于相对位置的两种色彩作为主色调，称之为互补色调。

3. 分离互补色

采用一种色相与它的补色在色相环上相邻的一种或两种颜色，组成两种或三种颜色的对比色调，称之为分离互补色调。

室内设计中的色彩对比如图 5-41 至图 5-50 所示。

图 5-41

图 5-42

图 5-43

图 5-44

图 5-45

图 5-46

图 5-47

图 5-48

图 5-49

图 5-50

三、色彩的运用

室内空间的层次具有多样性和复杂性，各种物品的材料、质感、形式又各不相同，追求室内色彩的协调统一，是室内设计中色彩运用的首要任务。以什么为背景、主体和重点，是室内色彩设计首先应考虑的问题。

1. 背景色的运用

背景色应该是占有室内空间面积最大的色彩，对其他室内物件起衬托作用。背景色是室内色彩设计中首先需要考虑和选择的。

(1)墙面色彩。

墙面色彩宜用淡而雅的色调，四壁用色以相同为宜，在配色上应考虑与家具的协调及衬托，浅色家具墙面宜用与家具近似的颜色，深色家具墙面则宜用浅的灰调子。墙面色彩的选定，还应考虑环境色调的影响，要考虑到色彩的冷暖，朝南的房间宜用中性偏冷的颜色，如绿灰、浅蓝灰等；北面的房间则选用偏暖的颜色，如米黄；中性色是最常见的壁面颜色，如米白、奶白色等。

(2)地面色彩。

地面通常采用与家具或墙面颜色相近而明度较低的颜色，以获得稳定感。面积狭小的室内，应采用明度较高的色彩，让房间显得宽敞一些。

2. 主体色的运用

在背景色的映衬下，室内占有主导地位的家具为主体色。在现代室内空间中，家具是陈设中的大件，其色彩成为整个室内环境的色彩基调。家具色调的挑选，应与室内的总色彩格调相协调。

3. 重点色的运用

重点色也称点缀色或强调色，它作为室内的重点装饰和点缀，面积虽小却非常突出。室内设计中往往通过一些色彩鲜艳的小物体来打破整体色调的沉闷(如窗帘、靠垫、摆设等)。

色彩在室内设计中的运用如图 5-51 至图 5-55 所示。

图 5-51

图 5-52

图 5-53

图 5-54

图 5-55

总之，背景色常作为大面积的色彩，宜用灰调；重点色常用作小面积的色彩，在彩度、明度上比背景色高，在色调统一的基础上采取加强色彩力量的方法，即重复、韵律和对比强调室内某一部分的色彩效果。室内的趣味中心或视觉焦点同样可以通过色彩的对比等方法来加强它的效果，色彩之间有主、有从、有中心，形成一个完整和谐的整体。（见图 5-56 至图 5-61）

图 5-56

图 5-57

图 5-58

图 5-59

图 5-60

图 5-61

四、色彩的交接处理

1. 墙面与顶棚

室内装饰设计中面积最大的界面是墙面，墙面色彩应以明快、淡雅的亮色调为主。顶棚一般采用明度高的色彩如白色，以避免产生压抑感。墙面与顶棚的色彩间相对比较调和，反差不大，当两个界面色相不一致时，通常采用以下方法处理。

(1)墙面与顶棚都采用涂料时，色彩的交接位置常设在弧形角的下部。

(2)墙面与顶棚交接位置可设置盖缝条，墙面与顶棚的交接处理也可兼作挂镜线。(见图 5-62)

(3)墙面与顶棚均采用板材饰面时，在交接处设凹缝；当墙面采用粉刷层而顶棚采用板材时，可在板材四周留缝，把顶棚与墙面划分开。(见图 5-63)

图 5-62

图 5-63

2. 墙面与地面

地面与墙面交接处应设踢脚板。当踢脚板和墙面处于同一平面时，可以把踢脚板作为墙面的一部分延伸上来。但通常踢脚板做凸出墙面的处理较多，也有凹进墙面的做法。

墙面色彩明度较高，踢脚板通常采用色彩较深、明度偏低，能与墙面、地面协调的色彩。地面的明底较低，具有较好的稳定感。

课后习题

一、作业习题

根据室内平面布置图设计会议厅。

要求：用二号图纸完成，表现手法不限，突出色彩设计。

内容：平面图、立面图、色彩表现图，比例自定。说明设计意图，注意构图的形式美感。

二、讨论习题

1. 色彩的象征性及其带给人的心理感受是什么？在设计中如何应用这些特点？

2. 室内色彩设计的基本要求有哪些？

3. 如何处理室内色彩的调和与对比间的关系？

4. 室内色调处理有哪几种手法？举例说明。

三、思考习题

1. 色彩是有语言的，色彩有很强的视觉冲击力，是设计的一个重要的元素，思考如何在室内设计中使用好色彩。

2. 每年设计中的流行色是怎么应用的？

Jianzhu Shinei Sheji Xiangmu Gongzuo Shouce

项目六

室内陈设设计

课堂思政小贴士——连环画里的共和国英雄：袁隆平

“我们对袁隆平同志的最好纪念，就是学习他热爱党、热爱祖国、热爱人民，信念坚定、矢志不渝，勇于创新、朴实无华的高贵品质，学习他以祖国和人民需要为己任，以奉献祖国和人民为目标，一辈子躬耕田野，脚踏实地把科技论文写在祖国大地上的崇高风范。”习近平总书记高度肯定袁隆平同志为我国粮食安全、农业科技创新、世界粮食发展作出的重大贡献，并要求广大党员、干部和科技工作者向袁隆平同志学习。

学习目标	
知识目标	1.掌握室内陈设的概念、作用和分类。 2.掌握室内观赏品陈设。 3.掌握室内陈设品的布置。 4.掌握室内家具的特点。 5.掌握室内装饰织物的特点
能力目标	1.掌握室内陈设设计的相关知识及合理应用。 2.掌握室内陈设设计要点
素质目标	1.学习袁隆平英雄:以祖国和人民需要为己任,以奉献祖国和人民为目标,一辈子躬耕田野,脚踏实地把科技论文写在祖国大地上的崇高风范。 2.培养专心致志、重视细节的学习精神

任务一
室内陈设的概念、作用和分类

一、室内陈设的概念和作用

室内陈设是指对室内空间中的各种物品的陈列与摆设。陈设品的范围非常广泛,内容极其丰富,形式也多种多样。室内陈设艺术在现代室内设计中的作用主要体现在如下几方面:

(1)烘托室内气氛,创造环境意境。(见图 6-1)

(2)创造二次空间,丰富空间层次。(见图 6-2)

图 6-1

图 6-2

(3)赋予空间含义。(见图 6-3)

(4)强化室内环境风格。

陈设艺术的历史是人类文化发展的缩影，陈设艺术反映了人们由愚昧到文明，由茹毛饮血到科学、数字化的生活方式。在漫长的历史进程中，不同时期的文化赋予了陈设艺术不同的内容，造就了陈设艺术多姿多彩的艺术特性。（见图 6-4）

图 6-3

图 6-4

（5）柔化空间，调节环境色彩。

随着现代科技的发展，城市钢筋混凝土建筑群的耸立，大片的玻璃幕墙、光滑的金属材料构成了冷硬沉闷的空间，使人愈发不能喘息，人们企盼着悠闲的自然境界，强烈寻求个性的舒展。植物、织物、家具等陈设品的介入，无疑使空间充满了柔和与生机、亲切和活力。（见图 6-5 和图 6-6）

图 6-5

图 6-6

（6）反映民族特色，陶冶个人情操。（见图 6-7 和图 6-8）

图 6-7

图 6-8

二、室内陈设的分类

(1)实用性陈设品:如家具、家电、器皿、织物等,它们以实用功能为主,同时外观设计也具有良好的装饰效果。(见图 6-9)

(2)观赏性陈设品:如绘画、雕塑等艺术品以及部分高档手工艺品等,纯观赏性物品不具备实用功能,仅用于观赏,它们或具有审美和装饰的作用,或具有文化和历史的意义。(见图 6-10)

图 6-9

图 6-10

任务二
室内观赏品陈设

室内观赏品陈设

1. 摆设艺术品的陈设

摆设艺术品的陈设主要包括雕塑、古玩的陈设和观赏性植物的陈设等。在进行摆设艺术品的陈设时要注重其风格、质地、品位等方面。(见图 6-11 至图 6-15)

图 6-11

图 6-12

图 6-13

图 6-14

图 6-15

2. 悬挂艺术品的壁面陈设

壁面悬挂艺术品在室内设计中占有重要的位置，它对室内空间艺术气氛起到画龙点睛的作用。它包括书法、绘画、挂屏、壁毯、壁饰和挂盘等，有的具有一定的主题内容，有的纯为装饰。（见图 6-16 至图 6-25）

图 6-16

图 6-17

图 6-18

图 6-19

图 6-20

图 6-21

图 6-22

图 6-23

图 6-24

图 6-25

任务三
室内陈设品的布置

一、室内陈设品的布置原则

室内陈设品的布置应遵循以下原则：

室内陈设的布置

(1)陈设品的选择和布置要与整体环境协调一致。

(2)陈设品的大小要与室内空间尺度形成良好的比例关系。

(3)陈设品的陈列布置要主次得当，增加室内空间的层次感。

(4)陈设品的陈列摆放要注重陈设效果，要符合人们的欣赏习惯。

室内陈设品的布置如图 6-26 至图 6-33 所示。

图 6-26

图 6-27

图 6-28

图 6-29

图 6-30

图 6-31

图 6-32

图 6-33

二、实用性陈设品的布置

实用性陈设品直接影响到人们的日常生活，这就要求在总体布置上做到取用方便、相对稳定，与室内环境相协调，营造出室内空间形式美。（见图 6-34）

图 6-34

任务四
室内家具

一、家具的分类

家具按功能划分，可分为以下几种类型：

(1)坐卧家具：如椅、沙发、床等，满足人们日常的坐、卧需求。(见图 6-35 至图 6-38)

室内家具设计

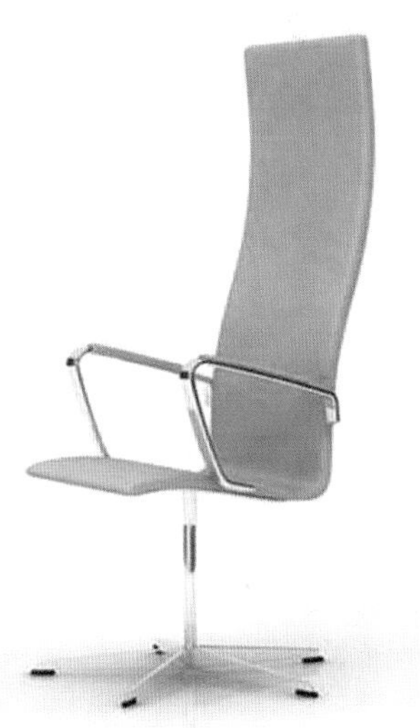

图 6-35

图 6-36

图 6-37

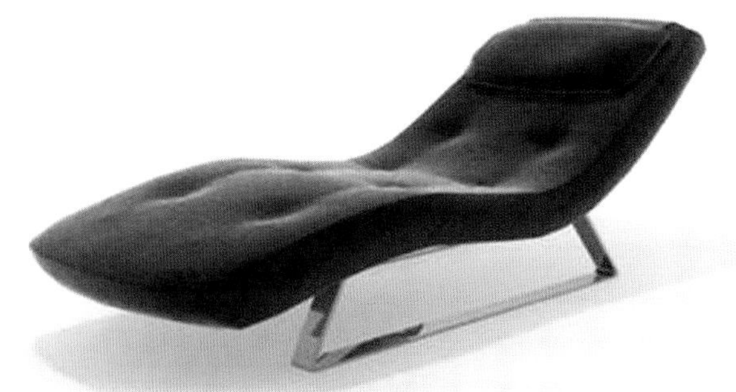

图 6-38

(2)储存家具：用于收藏、储存物品，包括衣柜、壁橱、书柜、电视柜等。

(3)凭倚家具：如餐桌、书桌等，以及站立时使用的吧台等。

(4)陈列家具:包括博古架、书柜等,主要用于家居中一些工艺品、书籍的展示。

家具按结构划分,可分为以下几种类型:

(1)框架结构家具,如图 6-39 所示。

(2)板式家具,如图 6-40 所示。

图 6-39

图 6-40

(3)拆装家具,如图 6-41 所示。

(4)折叠家具,如图 6-42 所示。

图 6-41

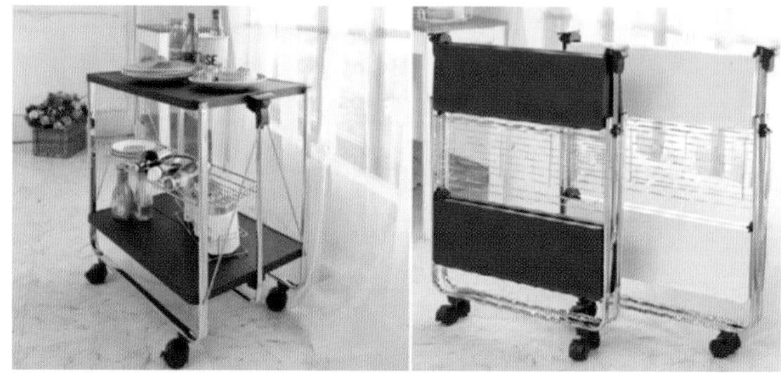

图 6-42

(5)冲压式家具,如图 6-43 所示。

图 6-43

(6)充气家具,如图 6-44 所示。

图 6-44

(7)多功能家具,如图 6-45 所示。

二、家具的造型设计

家具的造型设计是十分重要的,好的家具应该体现科学性和艺术性的统一,这就要求设计人员要掌握造型设计的基本原则,从而充分满足使用者的使用要求和审美要求。

家具的造型设计包括家具的形态、质感、色彩、装饰等基本要素以及造型的构图法则。(见图 6-46 至图 6-48)

图 6-45

图 6-46

图 6-47

图 6-48

三、家具的功能

1. 家具对空间的划分作用

家具对空间的划分作用包括以下几个方面:

(1)分隔空间:

①封闭式分隔:如利用壁式组合柜形成一面墙,将整个空间划分为两个部分。

②通透式分隔:利用家具将空间分隔成两个不同功能的、隔而不断的空间,提高了空间的利用率,也避免了封闭式分隔的呆板。

(2)组织空间。

(3)填补空间。

2. 家具的精神功能

家具既要让人们用起来方便、舒适,又要使人赏心悦目,满足人的审美要求。因此,我们在设计家具时,除了要认真考虑使用要求外,还应充分注意其精神功能。(见图 6-49 至图 6-51)

图 6-49

图 6-50

图 6-51

四、家具的布置形式

家具的布置形式根据室内不同的功能要求可分为两类：对称式布置（见图 6-52 和图 6-53）、非对称式布置（见图 6-54）。

图 6-52

图 6-53

图 6-54

无论采用哪种布置形式，都应既有集中又有分散。小空间的家具应以集中为主，大空间的家具应以分散为主。

任务五 室内装饰织物

室内装饰织物包括以下几类：

(1)地毯,如图 6-55 所示。

(2)窗帘、帷幔,如图 6-56 所示。

图 6-55

图 6-56

(3)家具蒙面织物,如图 6-57 所示。

(4)靠垫,如图 6-58 所示。

(5)陈设覆盖织物,包括沙发披巾、台面铺盖、床上罩单等,如图 6-59 所示。

图 6-57

图 6-58

图 6-59

课后习题

一、作业习题

1. 按照室内陈设的不同种类绘制 10 张陈设设计。

2. 利用软件制作不同风格的陈设设计 10 张。

二、讨论习题

分析不同室内设计风格的陈设特点。

要求:

1. 分析不同风格的家具的设计特点。

2. 分析不同风格的窗帘的设计特点。

3. 分析不同风格的艺术品的设计特点。

4. 分析不同风格的绿化的设计特点。

三、思考习题

1. 思考陈设设计在室内设计中的重要性。

2. 如何做好室内陈设设计？

项目七

室内设计风格

课堂思政小贴士——连环画里的共和国英雄:赵一曼

赵一曼,原名李坤泰,1905年10月25日出生在四川宜宾的一个地主家庭。五四运动爆发后,赵一曼开始阅读《向导》《新青年》《妇女周报》等革命书刊,接受革命新思想。1923年冬,赵一曼加入中国社会主义青年团。1926年夏加入中国共产党。同年11月,她进入武汉中央军事政治学校学习。

1927年9月,赵一曼前往苏联莫斯科中山大学学习。次年回国后,在宜昌、南昌和上海等地秘密开展党的工作。1936年8月2日,赵一曼被押上去珠河的火车。她知道最后的时刻到了。她给心爱的儿子写下遗书:“宁儿啊!赶快成人,来安慰你地下的母亲!我最亲爱的孩子啊!母亲不用千言万语来教育你,就用实行来教育你。在你长大成人之后,希望不要忘记你的母亲是为国牺牲的!”临刑前,她高唱《红旗歌》,“民众的旗,血红的旗,收殓着战士的尸体,尸体还没有僵硬,鲜血已染红了旗帜……”她高呼“打倒日本帝国主义!”“中国共产党万岁!”壮烈牺牲,年仅31岁。

学习目标	
知识目标	掌握不同的室内设计风格的特点
能力目标	1. 掌握室内设计风格的分类及应用。 2. 掌握室内设计各种风格的色彩、材料、装饰、家具的设计要求
素质目标	1. 学习赵一曼英雄坚忍不拔、开拓前进，为全人类的解放奋斗不息的精神。 2. 培养逻辑思维能力，重视细节表现

一、现代简约风格

现代简约风格强调室内空间宽敞、内外通透，追求不受承重墙限制的自由，墙面、地面、顶棚以及家具、灯具、器皿等以造型简洁、质地纯洁、工艺精细为特征。色彩高度凝练，造型极度简洁，在满足功能需要的前提下，将空间、人及物进行合理精致的组合，用最简练的笔触描绘出最丰富动人的空间效果，这是设计艺术的最高境界。（见图 7-1 至图 7-4）

室内设计风格

图 7-1

图 7-2

图 7-3

图 7-4

二、现代前卫风格

现代前卫风格是众多年轻人的首选。它强调“装修”的观感，大量使用明快的色彩、特别的材质、独特的空间分隔、别致的造型装饰。它在设计中大胆使用色彩，有时候在同一个空间中，使用三种或三种以上的色彩。（见图 7-5 至图 7-10）

图 7-5

图 7-6

图 7-7

图 7-8

图 7-9

图 7-10

三、新中式风格

中国风的构成主要体现在传统家具(以明清家具为主)、装饰品及黑、红为主的装饰色彩上，在装饰细节上崇尚自然情趣，花鸟鱼虫等精雕细琢、富于变化，充分体现出中国传统的美学精神。室内多采用对称式的布局方式，格调高雅，造型简朴优美，色彩浓重而成熟。中国传统室内陈设包括字画、匾幅、挂屏、盆景、瓷器、古玩、屏风、博古架等，追求一种修身养性的生活境界，总体布局对称均衡、端正稳健。

中国传统居室非常讲究空间的层次感，这种传统的审美观念在新中式风格中，又得到了全新的阐释。依据住宅使用人数和私密程度的不同，需要做出分隔的功能性空间，采用垭口(有门叫门套，没门叫垭口)或简约化的博古架来区分；在需要隔绝视线的地方，则使用中式的屏风或窗棂(中国传统木构建筑的框架结构设计，有板棂窗、格扇、隔断、支摘窗、遮羞窗等)。新中式风格适合性格沉稳、喜欢中国传统文化的人。(见图 7-11 至图 7-16)

图 7-11

图 7-12

图 7-13

图 7-14

图 7-15

图 7-16

四、新古典风格

(1)装饰——形散神聚,注重装饰效果,用现代的手法和材质还原古典气质,古典与现代结合。使用室内陈设品来增强历史文脉特色,用古典设施、家具及陈设品来烘托室内环境气氛。

(2)风格——不是仿古,也不是复古,而是追求神似,用简化的手法、现代的材料和加工技术去追求传统式样。

(3)色彩——以白色、金色、黄色、暗红色为主色调,色彩明亮。

(4)材料——墙纸是新古典风格中的重要装饰材料,又新引入金银漆、亮粉、金属质感材质。新古典风格的壁纸具有经典却更简约的图案、复古却又时尚的色彩。

(5)家具——虽有古典的曲线和曲面,但少了古典的雕花,又多用现代家具的直线条,将古朴、时尚融为一体。注重线条的应用与比例。

新古典风格的室内设计如图 7-17 至图 7-21 所示。

图 7-17

图 7-18

图 7-19

图 7-20

图 7-21

五、东南亚风格

(1)取材自然——多为实木、竹、藤、麻等材料。

(2)色彩搭配——斑斓高贵、色彩绚丽的泰式抱枕,明黄、果绿、粉红、粉紫等香艳的色彩化作精巧的靠垫或抱枕。

(3)生态饰品——拙朴禅意,大多以纯天然的藤、竹、柚木为材质,纯手工制作而成,拙朴、参差不齐的柚木没有任何修饰,却仿佛藏着无数的禅机。

(4)布艺饰品——暖色点缀,深色系沉稳、贵气,家具搭配色彩鲜艳的装饰,例如大红、嫩黄、彩蓝,米色搭配白色或者黑色,温馨或跳跃,与众不同。

东南亚风格的室内设计如图 7-22 至图 7-27 所示。

图 7-22

图 7-23

图 7-24

图 7-25

图 7-26

图 7-27

六、地中海风格

(1)在家具选配上,通过擦漆做旧的处理方式,搭配贝壳、鹅卵石等,表现出自然清新的生活氛围。

(2)将海洋元素应用到室内设计中,给人以自然浪漫的感觉。造型广泛运用拱门与半拱门,给人延伸般的透视感。

(3)材质选用自然的原木、天然的石材等,营造浪漫自然的氛围。

(4)色彩以蓝色、白色、黄色为主色调,看起来明亮悦目,神秘、古老而遥远,宁静而深邃。

地中海风格的室内设计如图 7-28 至图 7-32 所示。

图 7-28

图 7-29

图 7-30

图 7-31

图 7-32

七、欧式风格

欧式风格的装饰特点:奢华、色彩浓烈、沉稳、厚重、富于历史感、讲究装饰性。欧式风格是一种尽显奢华气质的风格,非常注重线条结合和软装搭配,主要以曲线为主,居室的家具价格也是相当昂贵,一般大户型居室空间才能完美地体现欧式风格的独特气质。(见图 7-33 至图 7-35)

图 7-33

图 7-34

图 7-35

八、混搭风格

家具混搭主要有以下三种方式:

(1)风格一致,但形态、色彩、质感各异;

(2)色彩各异,但形态相似;

(3)设计、制作工艺非常好的家具,一件就足以让空间熠熠生辉。

混搭风格的室内设计如图 7-36 至图 7-38 所示。

图 7-36

图 7-37

图 7-38

九、田园风格

厨房——仿古面的墙砖、喜好用实木门扇或是白色模压门扇仿木纹的橱柜门板。

客厅——简洁明快，使用石材和木饰面装饰，偏爱各种仿古墙地砖、石材及仿旧工艺，宽敞，具有历史气息。

卧室——温馨、柔软的成套布艺，软装用色统一。

书房——常用被翻卷边的古旧书籍、颜色发黄的航海地图、乡村风景的油画、鹅毛笔等进行风格装饰。

绿植——布置在地面、茶几、装饰柜、床头、梳妆台等处，形成错落有致的格局和层次，能充分体现人与自然完美和谐的交流。

田园风格的室内设计如图 7-39 至图 7-42 所示。

图 7-39

图 7-40

图 7-41

图 7-42

十、日式风格

色彩——原木色，以及竹、藤、麻和其他天然材料的颜色，形成朴素的自然风格。

装饰——散发着稻草香味的榻榻米，营造出朦胧氛围的半透明障子纸，以及自然感强的天井。

特点——淡雅、简洁、线条清晰，居室的布置给人以清洁、简洁的几何立体感。

日式风格的室内设计如图 7-43 至图 7-46 所示。

图 7-43

图 7-44

图 7-45

图 7-46

十一、轻奢风格

装饰——以金属、皮革为主，用色彩的纯度传递细腻的质感。

风格——造型简洁、线条流畅的家具组合搭配，营造出稳定、协调、温馨的空间感受，满足现代年轻家庭的轻奢需求。

色彩——没有过于抢眼的造型和丰富色彩的叠加，色调统一、舍弃张扬。线条与色块的巧妙应用，营造出轻松的空间氛围，轻奢华、新时尚。

轻奢风格的室内设计如图 7-47 和图 7-48 所示。

图 7-47

图 7-48

课后习题

一、作业习题

1. 绘制不同风格的单体家具造型练习 20 张、不同风格的组合家具造型练习 10 张。
2. 绘制不同风格的室内效果图各 3 张。
3. 分析不同的室内设计风格的特点。
4. 分析不同风格的室内空间造型设计的方案。

二、讨论习题

1. 分析不同室内设计风格家具的设计特点。
2. 分析不同室内设计风格色彩的设计特点。
3. 分析不同室内设计风格材料的选择。
4. 分析不同室内设计风格氛围的营造。

三、思考习题

1. 如何彰显室内设计风格的特点?
2. 目前有哪些室内设计风格受到人们的青睐?为什么?

Jianzhu Shinei Sheji Xiangmu Gongzuo Shouce

项目八

室内设计趋势

课堂思政小贴士——连环画里的共和国英雄：中国女排

1981 年 11 月，中国女排首次夺得世界冠军！

这是中国三大球比赛的历史性突破，中国女排从这里开启“五连冠”的辉煌篇章。女排精神四十载，振奋一代中国人。1981 年 11 月，第三届女排世界杯在日本举行。中国女排经过激烈争夺，最后以 3∶2 战胜了上届冠军日本队，以七战全胜的傲人战绩首夺世界冠军。这是历史性突破，也是中国首次在世界三大球比赛中称王，“五连冠”黄金时代由此开启。流汗，流泪，流血，不留遗憾，不怕，不躲，不服，永远战斗。这就是，中国女排！七连胜，五连冠，激情燃烧四十载；光辉史，英雄泪，振奋一代中国人。至今，女排精神历久弥新。在新征程上，中国女排的姑娘们，继续续写新的篇章。

学习目标	
知识目标	1. 掌握室内设计趋势。 2. 掌握室内设计动态
能力目标	1. 掌握室内设计趋势和前沿动态。 2. 掌握室内设计的流行趋势，总结室内设计问题
素质目标	1. 学习“流汗，流泪，流血，不留遗憾；不怕，不躲，不服，永远战斗”的中国女排精神。 2. 培养创新思维和创新能力，培养善于总结、归纳的能力

任务一 室内设计趋势

一、空间区域一体化

室内设计进一步开放，除卧室之外的区域几乎都一体化，起到采光通风更好、更通透的作用。例如不足 90 平方米的小户型开放书房、厨房后，空间视感明显增大，释放更多设计能量和空间感。（见图 8-1 和图 8-2）

室内设计趋势

图 8-1

图 8-2

二、电视墙进一步弱化

电视墙的作用在逐步减少，设计进一步弱化，节省了空间和场地，让空间活动更通畅，给客厅活动留下更多可能性。有的为了配合整体格调设计，做了电视墙的设计，但电视墙只是空间的一部分，是设计的延续，并不是全部。（见图 8-3 至图 8-5）

图 8-3

图 8-4

图 8-5

三、电视墙讲究收纳功能

电视墙收纳与传统意义的电视墙有较大区别，只是为了空间的延续，设计了电视墙。以往的电视墙讲究造型变化、美观大方，如今的电视墙更简洁、低调，侧重实用功能与收纳功能。墙面变化很少，与灯光设计、家具选型相配合，反而体现出空间的丰富性。在开放的空间，电视墙作为一个隔断而存在，简洁的设计使得空间整体感加强。（见图 8-6 至图 8-8）

图 8-6

图 8-7

图 8-8

四、隔断设计

黑框玻璃隔断是家居空间分隔的首选，它时尚、精致，带给人更强的视觉冲击力。可根据空间格局选择形式与尺寸，局部效果可以丰富墙面层次，整体效果可大大改善空间通透性(见图 8-9 和图 8-10)。如图 8-11 所示的公寓设计，设计师巧用黑框隔断打破墙面单调感，同时使得厨房与客厅互动更方便，空间瞬间灵动了许多。黑框玻璃隔断的设计，使空间精气神十足(见图 8-12 至图 8-14)，在高级灰空间里同样适用，通过灯光营造，远处亮、近处暗，更具想象力(见图 8-15)。

图 8-9

图 8-10

图 8-11

图 8-12

图 8-13

图 8-14

图 8-15

五、整墙书柜布局统一

整面墙的书柜不仅使空间布局统一，更拉伸了视线，让空间显得开阔，同时解决了收纳难题。如图 8-16 所示，整个嵌入墙体中的书柜墙，充分利用了空间，避免了易触碰的边边角角，减少落灰，实用性强。

图 8-16

六、客厅阳台一体化

客厅阳台一体化增加了客厅的空间感，给人以大气、通透之感，室内功能延续到阳台，让空间不断片，延伸了空间。（见图 8-17 至图 8-19）

图 8-17

图 8-18

图 8-19

七、家具摆放自由随性

传统设计中沙发对着电视墙，有“1+2+3”沙发组合、“1+1+3”沙发组合等；现在的室内家具摆放会更加随性，展现自我和个性，更加自由活泼，三人位四人位沙发不再是标配，懒人沙发占地面积大。随着生活方式的变化，小户型增加，小尺寸家具也是室内设计的流行趋势，其设计更加精巧、灵动。（见图 8-20 至图 8-23）

图 8-20

图 8-21

图 8-22

图 8-23

八、色彩与装饰

色彩趋势一:抛光面和中性色(儒雅灰)。光亮、平整的抛光面可以展现一种低调的奢华,它素雅、冷静、富有格调美,不仅中和整个空间过于冷硬的气质,而且展现了人们对沉静自持、舒缓简单的向往。(见图 8-24)

色彩趋势二:碰撞。家装的色彩趋势随着设计潮流一变再变,但都不会偏离其本质的内涵,那就是实用与舒适的双重追求。(见图 8-25)

图 8-24

图 8-25

装饰趋势一:定制地毯。定制地毯将是家装的流行趋势,在设计风格上,它更注重传统工艺与现代设计的结合;规格上比传统地毯大很多,将整个空间或家具集中的区域全部围合起来,形成一种统一、和谐的视觉感受。(见图 8-26)

装饰趋势二:几何质感。几何元素装饰图案运用得好,可以使室内呈现出时尚、前卫的视觉冲击力(见图 8-27)。随性、不规则的设计,还能给人一种不受束缚的自由感和动感,在增加空间亮点的同时,还可以把其他家居元素衬托得更有活力。

装饰趋势三:金属元素。金属元素独特、吸睛、未来感强,最适合追求个性与时尚的年轻一代。无论是哪种形式的家装风格,采用金属元素更具高级质感。(见图 8-28)

图 8-26

图 8-27

图 8-28

任务二
室内设计动态

(1)动态一:更注重软装饰。

硬装工程完成后,追求软装美学。懂得品味生活的人,更能体会到家的空白处应该如何填充。通过各种各样的艺术摆件来彰显家居的美感,是家装设计过程中不可忽视的环节。(见图 8-29)

(2)动态二:更注重功能性。

再美的设计,最终都要回归生活的本真。实用功能是家具设计的重中之重,设计服务于生活,注重功能与形式相结合。

(3)动态三:更注重简约、时尚感。

色彩以大面积纯色为主,局部采用活泼大胆的亮色点缀,打造出主次分明的层次感,形成一种符合年轻人品位的现代简约风格。(见图 8-30 和图 8-31)

图 8-29

图 8-30

图 8-31

课后习题

一、作业习题

1. 绘制不同室内艺术流派效果图 5 张。

2. 总结室内设计方法在室内设计中的具体应用。

3. 总结室内采光方法的具体应用。

4. 完成 45 张手绘效果图表现并装订成册(要求:主题封面、10 张单体、20 张家居组合、10 张家居彩绘平面图、5 张别墅外观效果图,每张作业右下角注明班级、姓名、学号,左侧装订)。

5. 设计方案:选择一套户型平面图进行设计,完成客厅、卧室、餐厅、厨房、卫生间手绘设计图;制作平面图、立面图、效果图等(尺寸要求:297 mm×420 mm。分辨率 300 dpi)。

二、讨论习题

1. 分析讨论室内设计的发展趋势。

2. 分析讨论室内色彩设计的发展趋势。

3. 分析讨论不同室内设计风格流派的设计趋势。

4. 分析讨论室内采光的方法。

三、思考习题

1. 室内设计如何充分展现风格流派?

2. 我们常说的室内设计的流行趋势从何而来?

Jianzhu Shinei Sheji Xiangmu Gongzuo Shouce

项目九

室内设计表现

课堂思政小贴士——连环画里的共和国英雄:李向群

李向群是海南省海口市琼山区人,出生在一个改革开放后富裕起来的家庭。1996 年 12 月,他入伍至原广州军区某集团军"塔山守备英雄团"9 连(现为陆军第 75 集团军某旅 1 营 2 连)。在 1998 年的抗洪抢险中,他轻伤不下火线,战斗到最后一刻,用 20 岁的生命谱写出一曲感天动地的英雄赞歌。

<table>
<tr><th colspan="2">学习目标</th></tr>
<tr><td>知识目标</td><td>1.掌握室内设计效果图的特点。
2.掌握室内设计的表现方法。
3.掌握室内设计表现的具体要求。
4.掌握各种材料的表现方法。
5.掌握各种材质的表现方法</td></tr>
<tr><td>能力目标</td><td>1.掌握室内设计的表现方法。
2.掌握室内设计各种风格的表现方法及规律</td></tr>
<tr><td>素质目标</td><td>1.学习李向群英雄,顽强拼搏、不懈奋斗,用智慧和汗水、鲜血和生命,为国家富强、民族振兴、人民幸福书写可歌可泣的壮丽篇章。
2.培养发现问题和处理问题的能力,培养耐心细致、条理清晰的工作能力</td></tr>
</table>

任务一 室内设计效果图的特点

(1)真实性。

通过画面对建筑物、室内空间、质感、色彩、结构的表现及艺术处理能够接近真实的场景效果。

室内设计表现

(2)快速性。

运用新型的绘画工具、材料快速勾勒出能够表达设计师设计意图的画面场景。

(3)注解性。

能够以一定的图面文字、尺度来注释说明,使业主了解设计师的创作意图、设计的性能及特点。

(4)启发性。

表现物象结构、色彩、肌理和质感的绘图过程,能够启发设计师产生新的设计思路,逐步完善设计。

室内设计效果图如图 9-1 至图 9-4 所示。

图 9-1

图 9-2

图 9-3

图 9-4

任务二
室内设计的表现方法

一、透视的种类

透视点的正确选择对效果图表现效果尤为重要，经典的空间角落、丰富的空间层次，通过理想的透视点才能完美地展现。

（一）一点透视

一点透视是指物体的两组线，一组平行于画面，另一组水平线垂直于画面，聚集于一个消失点，也称平行透视。一点透视表现范围广、纵深感强，适合表现庄重、严肃的室内空间。它的缺点是比较呆板，与真实效果有一定距离。（见图 9-5 和图 9-6）

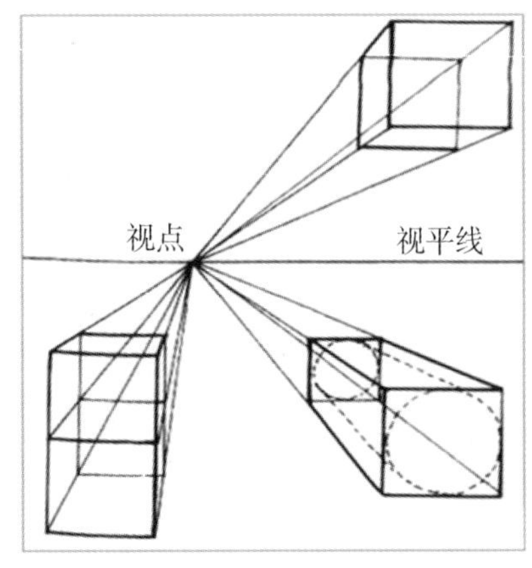

图 9-5

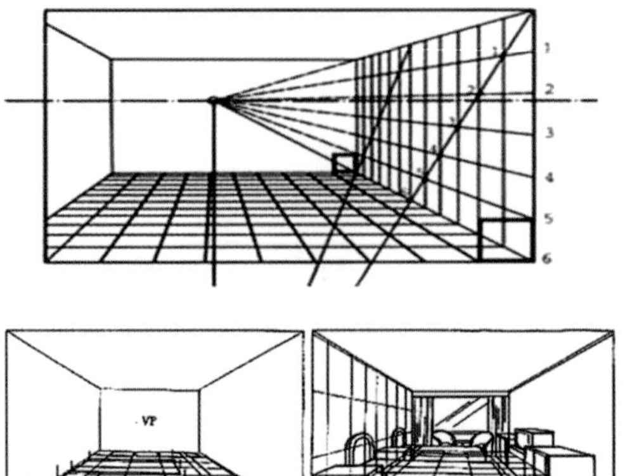

图 9-6

一点斜透视，又称微角透视，能完整地表现空间效果，使画面准确生动地表现出墙面以及主要陈设，画面既宽阔舒展又生动活泼，是最常用的。（见图 9-7）

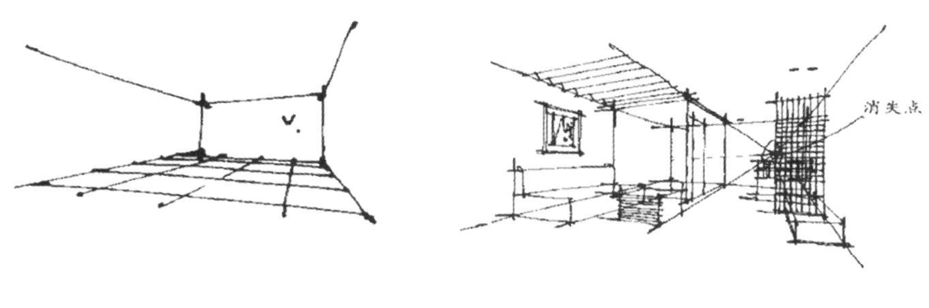

图 9-7

（二）两点透视

两点透视是指物体有一组垂直线与画面平行，其他两组线均与画面成一角度，而每组有一个消失点，共有两个消失点，也称成角透视。两点透视图画面效果比较自由、活泼，能比较真实地反映空间。它的缺点是角度选择不好易产生变形。（见图 9-8 和图 9-9）

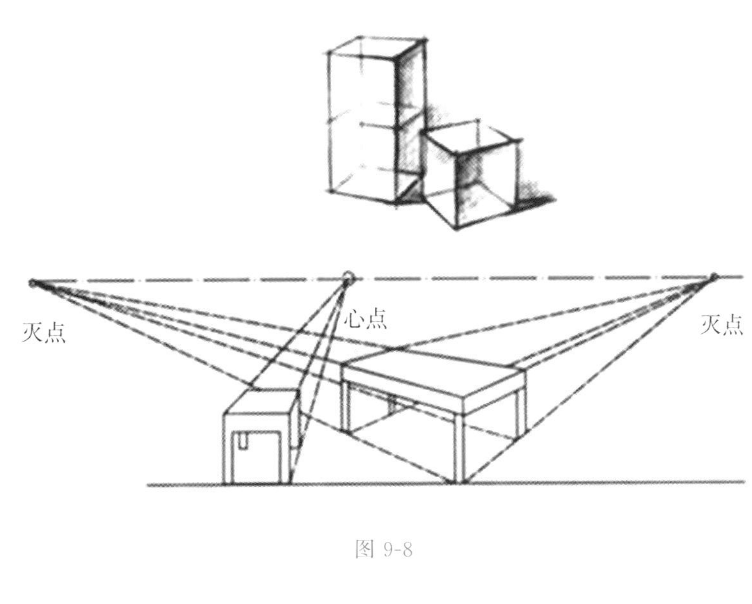

图 9-8

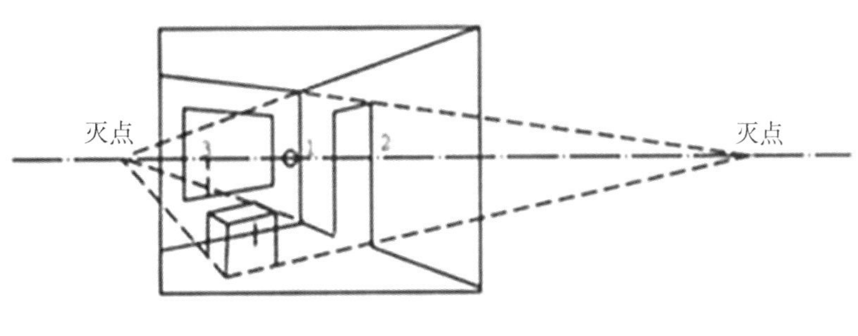

图 9-9

（三）三点透视

三点透视是指物体的三组线均与画面成一角度，三组线消失于三个消失点，也称斜角透视。三点透视多用于高层建筑透视。（见图 9-10）

图 9-10

（四）倾斜透视

凡是一个平面与水平面成一边低、一边高的情况时，如屋顶、楼梯、斜坡等，这种与水平面成倾斜的平面表现在画面中时叫倾斜透视。（见图 9-11）

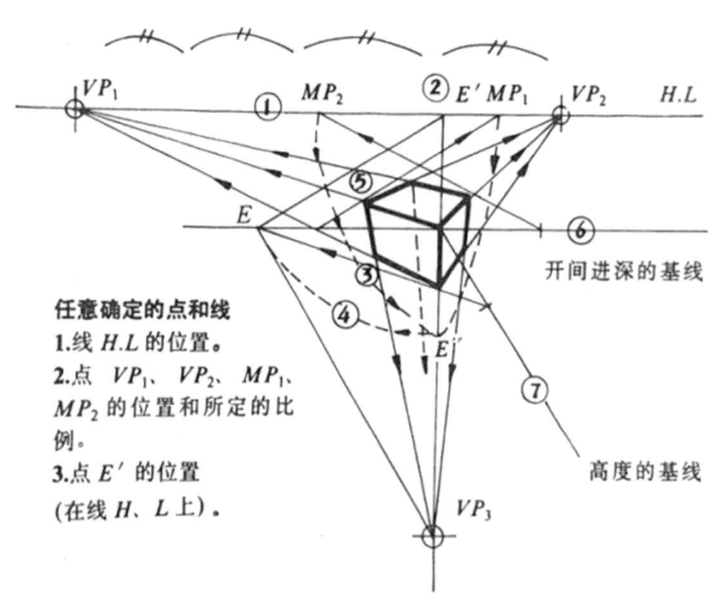

图 9-11

二、表现技法

运用铅笔、钢笔、针管笔、签字笔以及塑料彩色水笔等这类工具绘制效果图，既快速生动，又细致严谨，其线条丰富多变，表现力极其丰富，可加深我们对设计语言的理解以及对空间关系的把握，培养和锻炼我们对空间的概括及设计的抽象思维能力。

1. 工具与线条

绘图工具与线条如图 9-12 所示。

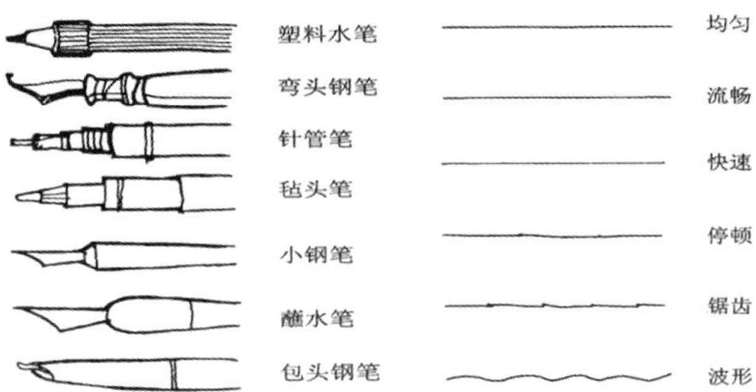

图 9-12

单一线条练习如图 9-13 所示。

正 确 运 笔 法	错 误 运 笔 法
运笔放松，一次一条线	错误原因：往返描绘
线条过长，可分段画	错误原因：线条搭接，易出黑斑
局部弯曲，大方向较直	错误原因：大方向倾斜

图 9-13

复杂线条练习如图 9-14 所示。

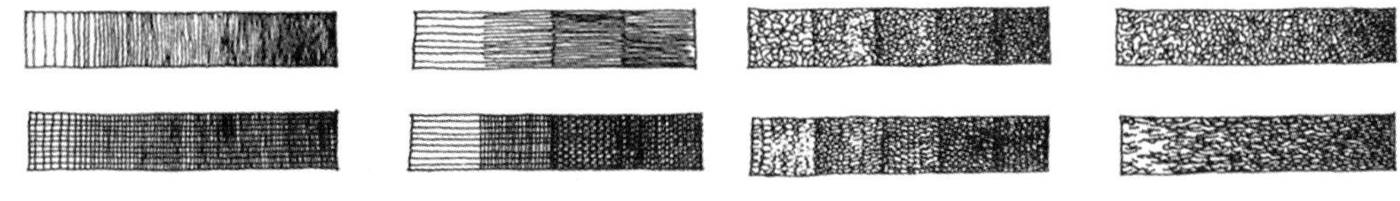

图 9-14

2. 线条的排列与重叠

线条的排列与重叠包括以下几种：

(1)直线、曲线、点、斜线的渐变退晕，如图 9-15 所示。

图 9-15

(2)直线、曲线、点、斜线的分格渐变退晕，如图 9-16 所示。

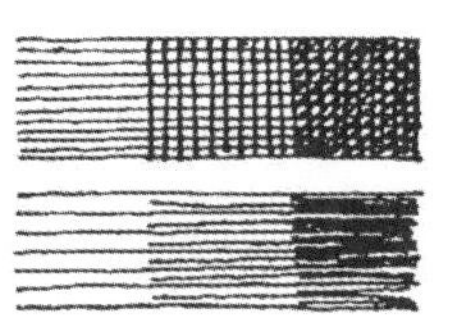
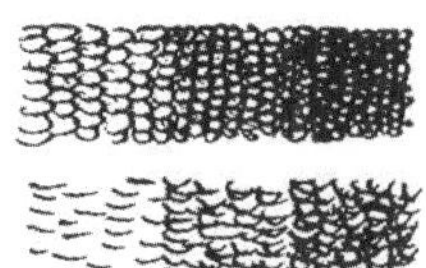
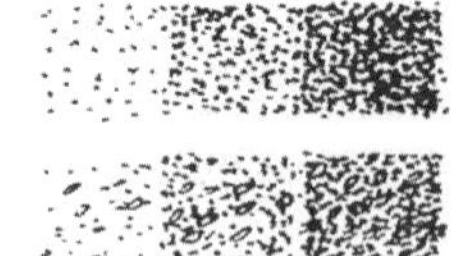
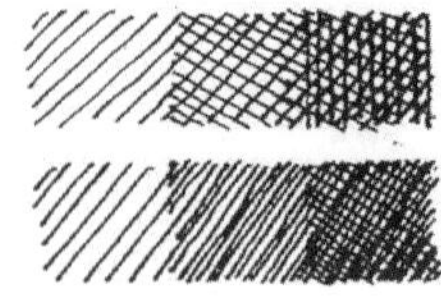

图 9-16

(3)直线条的排列与重叠,如图 9-17 所示。

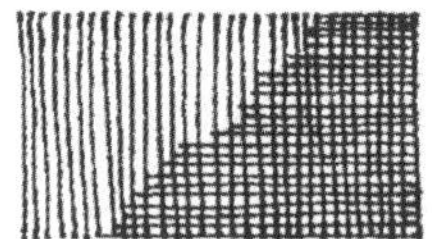
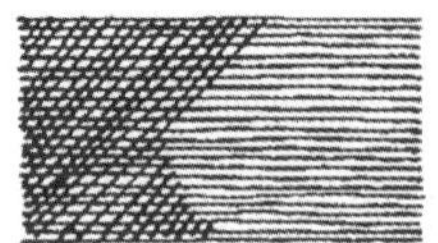
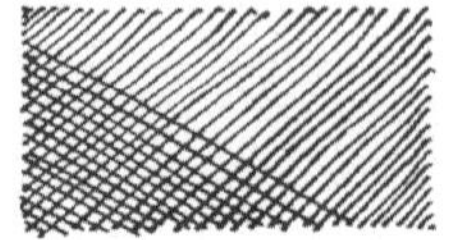
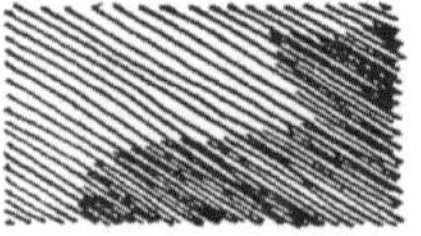

图 9-17

(4)直线段的排列与重叠,如图 9-18 所示。

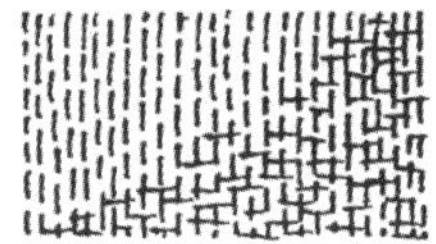
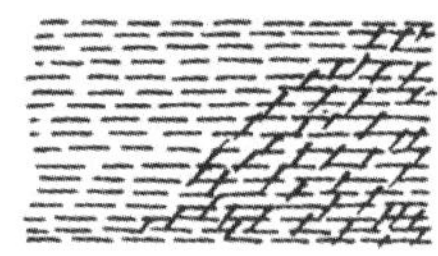
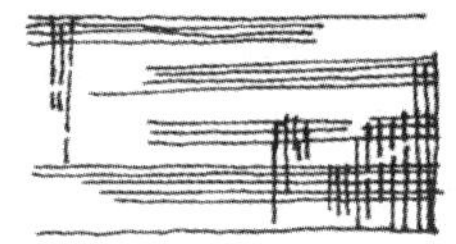
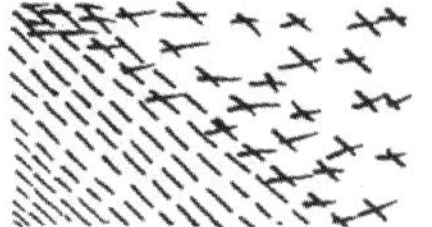

图 9-18

(5)曲线的排列与重叠,如图 9-19 所示。

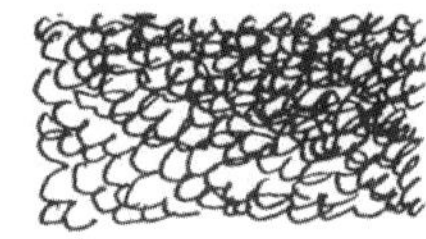
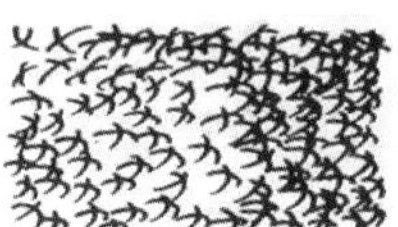

图 9-19

(6)组合线,如图 9-20 所示。

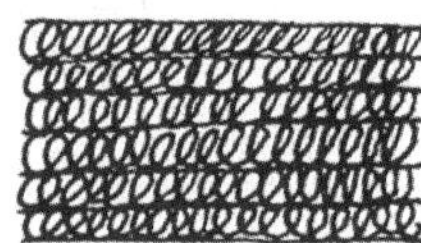
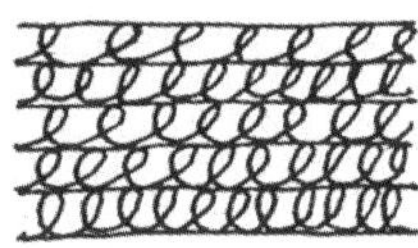
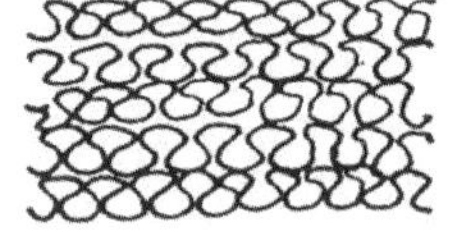

图 9-20

(7)点圆圈,如图 9-21 所示。

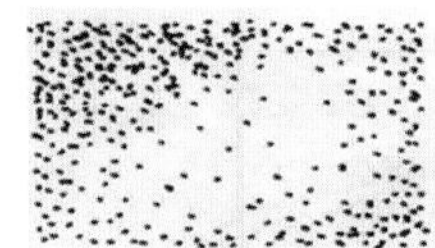
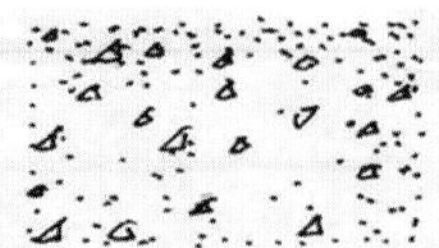
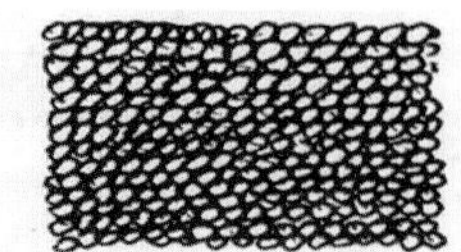
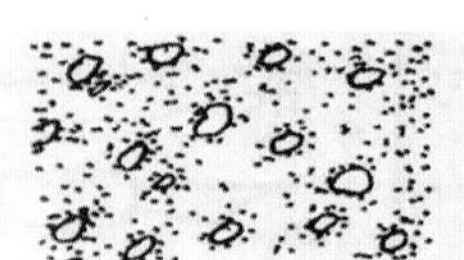

图 9-21

(8)线段的拼接,如图 9-22 所示。

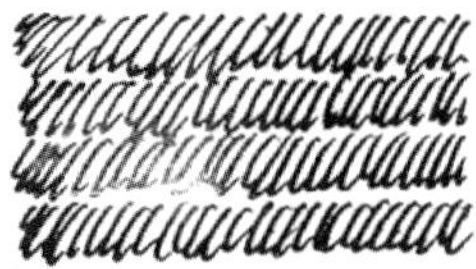

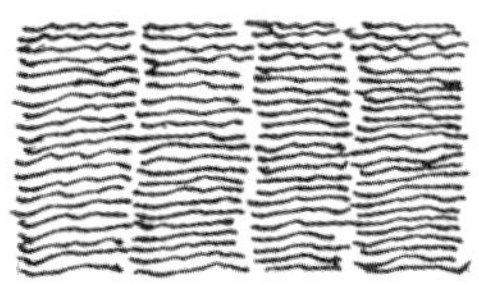
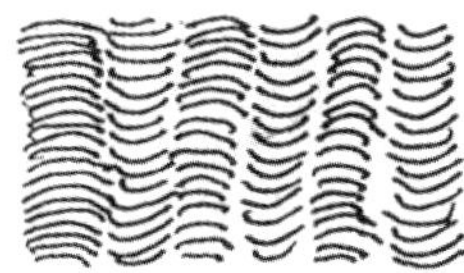

图 9-22

各种材质的线条表现如图 9-23 所示。

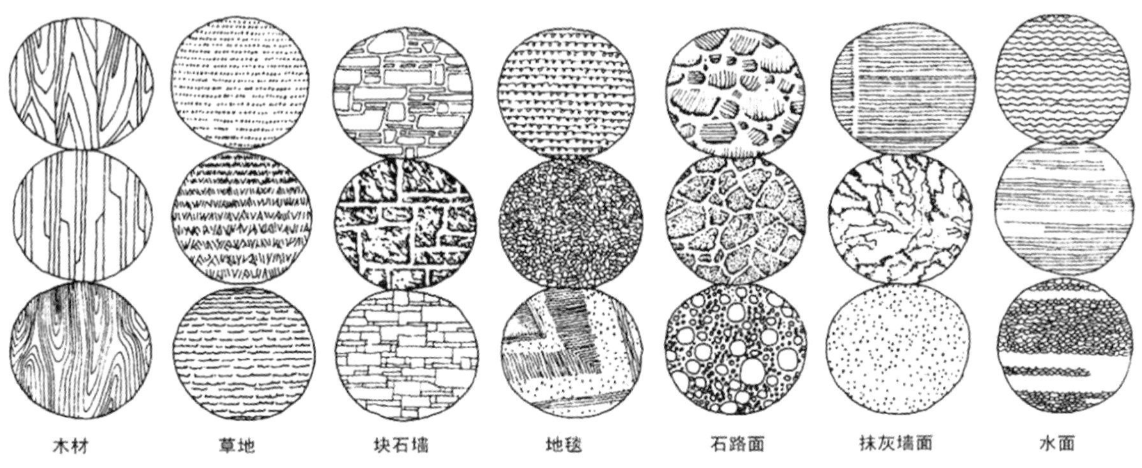

图 9-23

3. 线条空间感的培养

在培养空间结构思维能力的时候，主要采用正方体练习法，通过对正方体的组合、排列、堆积、切割，达到练习空间想象力的目的。线条对空间感的表现如图 9-24 和图 9-25 所示。

图 9-24

图 9-25

任务三
室内设计表现的具体要求

一、室内设计效果图的基本要求

室内设计效果图的基本要求如下：

(1)透视准确，结构清晰，陈设之间的比例关系正确。

(2)素描关系明确，层次分明，空间感强。

(3)明确室内整体的色彩基调，依据不同的空间环境，确定色彩的基调种类。

室内设计效果图如图 9-26 和图 9-27 所示。

图 9-26

图 9-27

二、人体工程学要求

人体工程学是根据人体解剖学、心理学、生理学等特性，了解并掌握人的作业能力和极限，让器具、工作环境、起居条件等和人体功能相适应的科学。表现我们的居住环境，就必须掌握人体的基本活动尺寸。例如：沙发的内座空间是 710 毫米(宽)×450 毫米(进深)，而它与茶几间的距离大约有 450 毫米宽，透视图中表现的间隔距离应与沙发的进深尺度感觉上大体相同。(见图 9-28 和图 9-29)

图 9-28

图 9-29

任务四
各种材料的表现方法

一、钢笔淡彩表现方法

钢笔淡彩是钢笔线条与水彩相结合的、最为常用的一种色彩表现手法，画面色彩清晰明快，物体形象轻灵飘逸，水彩的颜色和钢笔线条的流畅、疏密有致相结合，有力地突出画面的空间感与层次感。（见图 9-30）

图 9-30

二、马克笔表现方法

马克笔主要有水溶性、油性及酒精性三种，笔头较宽，笔尖直画为细线，斜画为粗线，笔触间的叠加可产生丰富的色彩变化，但不可重复过多。应注意用笔的次序，先浅后深，切忌凌乱琐碎。线条应挺直有力，落笔要准，运笔要流畅，注意留白，形成画面的黑白灰效果。（见图 9-31 和图 9-32）

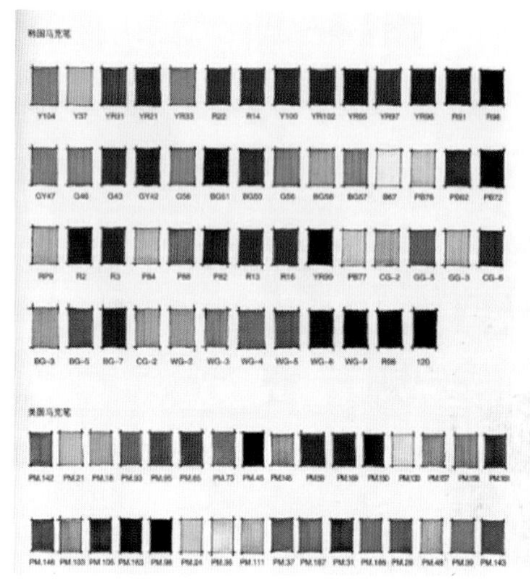

图 9-31

图 9-32

三、彩色铅笔表现方法

图 9-33

彩色铅笔上色的基础技法，包括平涂排线、叠彩排线、水溶退晕等手法。

平涂排线——运用彩色铅笔均匀地排列出铅笔线条，达到色彩一致的画面效果。

叠彩排线——运用彩色铅笔排列出不同色彩的铅笔线条，各种色彩可重叠使用，图面变化较丰富。

水溶退晕——利用水溶性彩铅溶于水的特点，将彩铅线条与水融合，达到退晕的画面效果。

彩色铅笔表现如图 9-33 所示。

四、综合着色表现方法

综合性技法的绘画表现，先以一种技法确定画面上大的色彩关系，再用其他技法刻画局部，直到表现出最佳效果。（见图 9-34 和图 9-35）

图 9-34

图 9-35

任务五
各种材质的表现方法

(1)木材的表现,如图 9-36 所示。

(2)石材的表现,如图 9-37 所示。

室内设计手绘

图 9-36

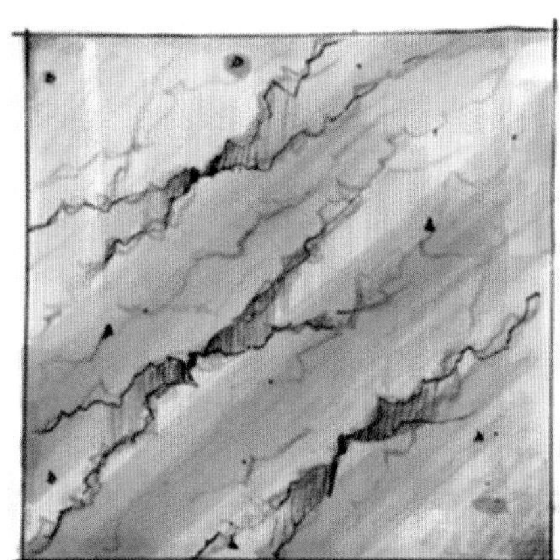

图 9-37

(3)玻璃材质的表现,如图 9-38 所示。

(4)金属材质的表现,如图 9-39 所示。

(5)织物的表现,如图 9-40 所示。

图 9-38

图 9-39

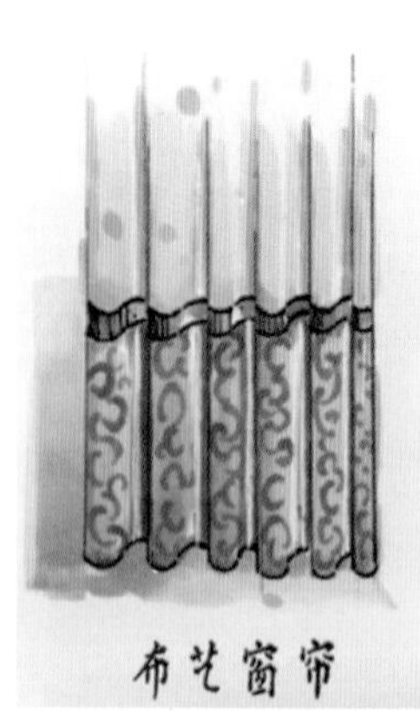

图 9-40

(6)植物的表现。花草树木是效果图表现的重要配景之一，在图中起到活跃气氛、衬托主体和平衡画面的作用，对画面的色彩起到独特的作用。渲染色彩时，不要概念化地全晕染成一种绿色，要注意层次、转折以及色彩深浅和色相变化。树冠中有许多间隙，应根据构图原则预留空隙，来表现树木的形态。(见图 9-41 至图 9-43)

图 9-41

图 9-42

图 9-43

室内设计表现学生作业如图 9-44 至图 9-48 所示。

图 9-44

图 9-45

图 9-46

图 9-47

图 9-48

课后习题

一、作业习题

1. 表现木材2张，表现石材2张，表现玻璃材质2张，表现金属材质2张，表现织物2张，表现植物5张。
2. 绘制室内家具单体5张。
3. 绘制室内家具组合5张。
4. 绘制室内空间一点透视、两点透视、一点斜透视各3张。
5. 绘制园林景观表现效果图3张。

二、讨论习题

1. 分析讨论不同材料的表现效果。
2. 分析讨论不同材质的表现方法。
3. 分析讨论不同风格的表现方法。

三、思考习题

1. 手绘效果图表现在室内设计中有何重要作用？
2. 手绘效果图的表现应体现出哪些要点？

Jianzhu Shinei Sheji Xiangmu Gongzuo Shouce

项目十

室内设计程序

课堂思政小贴士——连环画里的共和国英雄：麦贤得

18 岁那年，麦贤得参军入伍，成为一名光荣的人民海军战士。1965 年“八六”海战中，时任南海舰队某水警区 611 艇机电兵的麦贤得，在头部中弹、脑浆外溢、神志半昏迷的情况下，坚持战斗长达 3 个小时，与全体参战官兵一起，击沉来犯国民党军舰“章江”号，被誉为钢铁战士，成为全国学习的模范。1966 年 2 月 23 日，国防部授予他“战斗英雄”荣誉称号，共青团中央授予他“模范共青团员”称号。

<table>
<tr><th colspan="2">学习目标</th></tr>
<tr><td>知识目标</td><td>1. 掌握室内各部分环境设计。
2. 掌握室内设计程序。
3. 掌握实践教学成果</td></tr>
<tr><td>能力目标</td><td>1. 掌握室内空间的整体设计方法。
2. 掌握室内空间的创意设计和流程</td></tr>
<tr><td>素质目标</td><td>1. 学习麦贤得英雄认真刻苦，精益求精，苦练基础技能，当好一颗小螺丝钉的精神。
2. 培养精益求精、追求卓越的工匠精神</td></tr>
</table>

任务一 室内各部分环境设计

一、群体生活区

（一）门厅

门厅（玄关）为住宅主入口直接通向室内的过渡性空间，它的主要功能是家人进出和迎送宾客，也是整套住宅的屏障。门厅面积一般为 2～4 平方米，面积虽小，却关系到家庭生活的舒适度、品位和使用效率。这一空间内通常需设置鞋柜、挂衣架或衣橱、储物柜等，面积允许时也可放置一些陈设物、绿化景观等。

在形式处理上，门厅应以简洁生动、与住宅整体风格相协调为原则，可做重点装饰屏障，使门厅具备识别性强的独特面貌，体现住宅的个性。（见图 10-1 和图 10-2）

图 10-1

图 10-2

（二）起居室

起居室是家庭群体生活的主要场所，是家人视听、团聚、会客、娱乐、休闲的中心，在中国传统建筑空间中称为“堂”。起居室是居室环境中活动最集中、使用频率最高的核心住宅空间，也是家庭主人身份、修养、实力的象征。在布局设计上考虑设置在住宅的中央或相对独立的开放区域，常与门厅、餐厅相连，选择日照最为充实、最能联系户外自然景物的空间位置，以营造伸展、舒坦的心理感觉。（见图 10-3 和图 10-4）

图 10-3

图 10-4

（三）餐厅

餐厅是家庭日常进餐和宴请宾客的重要活动空间。餐厅多邻近厨房，以靠近起居室的位置为佳。餐厅分为独立餐厅、与客厅相连餐厅、厨房兼餐厅几种形式。

在住宅整体风格一致的前提下，家庭用餐空间宜营造亲切、淡雅、温馨的环境氛围，采用暖色调、明度较高的色彩，具有空间区域限定效果的灯光，柔和自然的材质，以烘托餐厅的特性。除餐桌椅为必备家具外，还可设置酒具、餐具、橱柜，墙面也可布置一些影照小品，以促进用餐的食欲。

餐厅的规模大致有：小型 300 cm×360 cm(11 平方米)；中型 360 cm×450 cm(16 平方米)；大型 420 cm×540 cm(23 平方米)。餐厅还可以分为正餐室、便餐室。正餐室庄重、优雅，照明有主次，色彩明朗轻快；便餐室以早餐、午餐为主，不拘形式，方便使用，具有轻松的气氛。（见图 10-5）

图 10-5

（四）休闲室

休闲室也称家人室，指非正式的多功能活动场所，是一种兼顾儿童与成人的兴趣需要，将游戏、休闲、兴趣等活动相结合的生活空间，如健身、棋牌、乒乓球、编织、手工艺等项目，为“第二起居室”。其使用性质是对内的、非正式的、儿童与成人并重的空间。休闲室的设计应突出家庭主人的兴趣爱好，无论是家具配置、

贮藏安排、装饰处理都需体现个性、趣味性、亲切松弛、自由、安全、实用的原则。(见图 10-6 和图 10-7)

图 10-6

图 10-7

(五)书房

住宅中的书房是用于阅读、藏书、制图等活动的场所,是学习与工作的环境,可附设在卧室或起居室的一角,也可紧连卧室独立设置。书房的家具有写字台、电脑桌、书柜等,也可根据职业特征和个人爱好设置特殊用途的器物,如设计师的绘图台、画家的画架等。其空间环境的营造宜体现文化感、修养和宁静感,形式表现上讲究简洁、质朴、自然、和谐。书房有开放式书房、闭合式书房、私人办公室式书房等形式。(见图 10-8)

图 10-8

(六)其他生活空间

住宅除室内空间外,常常根据不同条件设置阳台、露台、庭院等家庭户外活动场所。阳台或露台,在形式上是一种架空或通透的庭院,作为起居室或卧室等空间的户外延伸,设施上可设置坐卧家具,起到户外起居或阳光沐浴的作用。庭院为别墅或底层寓所的户外生活场所,以绿化、花园为基础,配置供休闲、游戏的家具和设施,如茶几、座椅、摇椅、秋千、滑梯和戏水池等,其设计特点是创造一种享受阳光、新鲜空气和自然景色的环境氛围。(见图 10-9 和图 10-10)

图 10-9

图 10-10

二、家务工作区

家务工作区包括厨房、家务室、贮藏室、车库等，各种家庭事务应在省力、省时的原则下完成。

厨房是专门处理膳食的工作场所，它在住宅的家庭生活中占有很重要的位置，其基本功能有贮物、洗切、烹饪、备餐以及用餐后的洗涤整理等。（见图 10-11 和图 10-12）

图 10-11

图 10-12

三、私人生活区

私人生活区域是享受私密性权利的空间，理想的家居应该使家庭每一个成员都拥有各自的私人空间，成为群体生活区域的互补空间，便于家庭成员完善个性、自我解脱、均衡发展。私人生活区域包括主人卧室、儿童房、客卧及配套卫生间。

(一)主人卧室

卧室的色彩淡雅,色彩的明度稍低于起居室;灯光配置应有整体照明和局部照明,光源倾向于柔和的间接形式;各界面的材质和造型应自然、亲切、简洁。同时,卧室的软装饰品(窗帘、床罩、靠垫、工艺地毯等)的色、材、质、形应统一协调。适当配置些具有生活情趣的陈设品,营造恬静、温馨的环境氛围,满足夫妻双方身心共同需要。(见图 10-13 至图 10-15)

图 10-13

图 10-14

图 10-15

(二)儿童房

儿童房是家庭子女成长发展的私密空间,原则上必须依照子女的年龄、性别、性格特征给予相应的规划和设计。按儿童成长的规律,儿童房分为婴儿期、幼儿期、儿童期、青少年期和青年期五种类型。(见图 10-16 和图 10-17)

图 10-16

图 10-17

四、卫生间

卫生间的基本设备有洗脸盆、浴缸或淋浴房、抽水马桶和净身器等。其设备配置应以空间尺度条件及活动需要为依据，基本设备皆与水有关，给水与排水系统，特别是抽水马桶的污水管道，必须合乎国家质检标准，地面排水斜度与干湿区的划分应妥善处理。(见图 10-18 和图 10-19)

图 10-18

图 10-19

任务二
室内设计程序

室内设计程序分为以下三个阶段。

一、分析阶段

室内设计程序

1. 家庭因素分析

(1)家庭结构形态——新生期、发展期、老年期。

(2)家庭综合背景——籍贯、教育、信仰、职业。

(3)家庭性格类型——共同性格、个别性格、偏爱、偏恶、特长、忌讳。

(4)家庭生活方式——群体生活、社交生活、私生活、家务态度和习惯。

(5)家庭经济条件——高、中、低收入型。

2. 住宅条件分析

(1)建筑形态——独栋、集合式公寓、古老或现代建筑。

(2)建筑环境条件——四周景观、近邻情况、私密性、宁静性。

(3)自然要素——采光、通风、湿度、室温。

(4)住宅空间条件——平面空间组织与立面空间条件,如:室内外各区域之间的空间关系,空间面积,门窗、梁柱、天花高度变化等。

(5)住宅结构方式——室内外的材料与结构。

二、设计阶段

设计阶段的工作重点是根据分析阶段所得的资料提出各种可行性的设计构想,选出最优方案,或综合数种构想的优点,重新拟定一种新的方案。平面空间设计以功能为先,立面形式设计以视觉表现为主,设计方案定稿后,绘制设计图,绘制透视图或制作模型,加强构思表现,兼作施工参考。

三、施工制作阶段

(1)根据设计方案,拟定具体制作说明,制作施工进度表。

(2)依据设计方案购置建材,雇工或发包。

(3)室内施工的顺序:空间重新布局(拆墙、砌墙、隔断、吊顶);管线布置(水管,电线,电话、电视、音响等布线);固定家具布局(厨房操作台、书房吊柜等);泥水作业(铺贴地砖、面砖);木工作业(家具、门套、窗台等);铺设木地板;油漆作业(墙面涂刷、家具门板等上木漆);安装作业(灯具、五金、设备等);验收;美化作业(软装饰,如家具、陈设、绿化等)。

(4)施工中,需严格监督工程进度,看材料规格、制作技法是否正确。

(5)如发现问题需随时纠正,涉及设计错误和制作困难的,应重新检查方案并予以修正。

(6)完工后根据合同验收。

室内设计常见问题:

(1)做出来的都太常规,有创意的做不出。

(2)过分追求表象,忽视空间的实用性。

(3)方正户型设计无亮点,异形方案又毫无头绪。

(4)总想快速签单,但又不能准确捕捉客户需求点。

室内设计如图 10-20 至图 10-22 所示。

图 10-20

图 10-21

图 10-22

任务三
实践教学成果

方案一:美的 · 罗兰春天,118 平方米,婚房,简约风格,不需要中央空调和新风系统。设计效果如图 10-23 至图 10-25 所示(设计:李欣、张健)。

图 10-23

图 10-24

图 10-25

方案二：安居东城，145 平方米，旧房改造，三口之家居住，老人偶尔过来一起住。设计效果如图 10-26 和图 10-27 所示（设计：潘静、杜瑞卿）。

图 10-26

图 10-27

方案三：连城别苑，143 平方米。设计效果如图 10-28 至图 10-31 所示（设计：吝丽娟、潘静）。

图 10-28

图 10-29

图 10-30

图 10-31

方案四：阿尔卡迪亚蓝天城，116 平方米。本方案设计将古典与现代相结合，中式文化的精髓在现代理念中锻造，推陈出新。采用写意式的表现手法，古朴古韵的桌椅、屏风，将思绪带回遥远的过去。设计效果如图 10-32 至图 10-38 所示，实景效果如图 10-39 至图 10-43 所示（设计：吝丽娟、潘静）。

图 10-32

图 10-33

图 10-34

图 10-35

图 10-36

图 10-37

图 10-38

图 10-39

图 10-40

图 10-41

图 10-42

图 10-43

方案五：美的城，178 平方米，轻奢风，简约大气、时尚高雅。设计效果如图 10-44 至图 10-52 所示（设计：潘静、张建松）。

图 10-44

图 10-45

图 10-46

图 10-47

图 10-48

图 10-49

图 10-50

图 10-51

图 10-52

课后习题

一、作业习题

根据客户要求，完成室内平面布置图设计方案。

二、讨论习题

1. 分析讨论怎样设计出客户满意的室内平面布置图。

2. 讨论改善室内设计的方法、步骤。

三、思考习题

1. 通过什么形式、哪些方法可以增加室内设计的艺术美感？

2. 怎样做好户型优化？

3. 常用的户型优化的设计手法有哪些？

参考文献
References

[1] 张绮曼,郑曙旸.室内设计资料集[M].北京:中国建筑工业出版社,1991.
[2] 龚斌,向东文.室内设计原理[M].武汉:华中科技大学出版社,2014.
[3] 周芬,汪帆.室内设计原理与实践[M].武汉:华中科技大学出版社,2014.
[4] 陈根.室内设计看这本就够了[M].北京:化学工业出版社,2017.
[5] (英)苏珊 J.斯洛特克斯.室内设计基础[M].3 版.殷玉洁,译.北京:中国青年出版社,2020.
[6] 郑曙旸.室内设计・思维与方法[M]. 2 版.北京:中国建筑工业出版社,2014.
[7] 戴昆.室内色彩设计学习[M].北京:中国建筑工业出版社,2014.
[8] 陈易.室内设计原理[M].2 版.北京:中国建筑工业出版社,2020.
[9] 王冲,李坤鹏.室内装饰施工图设计规范与深化逻辑[M].北京:中国建筑工业出版社,2019.
[10] 赵国斌.手绘效果图表现技法——室内设计[M].福州:福建美术出版社,2006.
[11] 大写艺设计教育机构,王东.室内设计师职业技能实训手册[M].2 版.北京:人民邮电出版社,2017.